高等职业教育“十二五”规划教材

传感器与检测技术

马玉春　主　编

刘成良　张艳秋　副主编

靳　鹏　参　编

中国铁道出版社

CHINA RAILWAY PUBLISHING HOUSE

内容简介

本书优先选择理论上有代表性、有使用背景、有实用化前景的传感器进行列举和分析。考虑到启发学生对知识比较、联想与发散思维的教学要求，本书在教学内容安排上进行了大类合并，共设计6个学习情境，分别介绍了传感器基础知识、力与压力的检测、位移量的检测、位置与转速的检测、液位与流量的检测以及环境量的检测。

本书适合作为高职高专机电一体化技术、电气自动化技术、应用电子技术等专业的教材，也可作为相关工程技术人员的工作参考书。

图书在版编目（CIP）数据

传感器与检测技术/马玉春主编．—北京：中国铁道出版社，2015.6
高等职业教育“十二五”规划教材
ISBN 978-7-113-20102-9

Ⅰ.①传…　Ⅱ.①马…　Ⅲ.①传感器-检测-高等职业教育-教材　Ⅳ.①TP212

中国版本图书馆CIP数据核字(2015)第054096号

书　　名：传感器与检测技术
作　　者：马玉春　主编

策　　划：潘星泉　　　　读者热线：400-668-0820
责任编辑：潘星泉
编辑助理：吴　楠
封面设计：刘　颖
封面制作：白　雪
责任校对：汤淑梅
责任印制：李　佳

出版发行：中国铁道出版社（100054，北京市西城区右安门西街8号）
网　　址：http://www.51eds.com
印　　刷：三河市宏盛印务有限公司
版　　次：2015年6月第1版　　2015年6月第1次印刷
开　　本：787 mm×1 092 mm　1/16　印张：9.5　字数：229千
书　　号：ISBN 978-7-113-20102-9
定　　价：25.00元

前　言

本书是根据高职高专电类专业教学改革的需要而编写的。强调基于工作过程教学模式，体现淡化理论、够用为度、培养技能、重在运用的指导思想，培养具有高素质、技能型的适应社会需求的高端人才。针对高职高专学生的理论知识相对薄弱、在校理论学习时间相对较少的特点，编者在编写过程中结合多年教学经验，并参考大量相关文献，将本书重点放在实用技术的掌握和运用上，加强实训和应用案例的内容，突出高职高专教学改革成果。

全书共设计6个学习情境。除学习情境1外，每个学习情境都有任务目标和知识技能，每个学习情境包括二个或三个“工作任务”，最后都有一个实验案例，以便于读者掌握每个学习情境的重点内容。本书对每个学习情境后的实验案例都不做精确解答，只求以此拓宽读者思维、强调共性，培养读者的工作能力和工作技能，完成工作任务。

鼓励“比较思考”是本书的主要特点。在编写内容方面，编者特别注意了难点分散、循序渐进；在文字叙述方面，注重言简意赅、重点突出；在案例选取方面，选用了最新传感器作为主要元素，使用性强、针对性强；既基于工作过程，又进行了基于教学论和方法论转换的实操项目设计，让学生能够亲自操作，避免纸上谈兵。

本书参考学时为64学时。

本书由马玉春任主编，刘成良、张艳秋任副主编，靳鹏参与编写。编写分工如下：马玉春编写学习情境1和学习情境5；刘成良编写学习情境3和学习情境4；张艳秋编写学习情境2；靳鹏编写学习情境6。在编写过程中参考了许多文献，在此向相关作者一并致谢！

传感器技术涉及的学科众多，而编者学识有限，书中疏漏之处在所难免，恳请广大读者批评指正。

编　者

2015年3月

目　　录

学习情境1 传感器认知

随着新技术革命的到来，世界已经开始进入信息时代。传感器是构成现代信息技术的三大支柱（传感器技术、通信技术、计算机技术）之一，相当于人类的“感官”。

一、传感器的作用、地位

当今世界科技日新月异，信息技术对社会发展、科学进步起了决定性的作用。现代信息技术的基础包括信息采集、信息传输与信息处理。信息采集离不开传感器技术。传感器位于信息采集系统之首、检测与控制之前，是感知、获取与检测的最前端。

科学研究与自动化生产过程中所要获取的各类信息，都须通过传感器获取，并转换成电信号。没有传感器技术的发展，整个信息技术的发展就成为一句空话。若将计算机比喻为人的大脑，那么传感器则可比喻为人的感觉器官。可以设想，没有功能正常而完善的感觉器官来迅速、准确地采集与转换外界信息，纵使有再好的大脑也无法发挥其应有的效能。科学技术越发达，自动化程度越高，工业生产和科学研究对传感器的依赖性越大。20世纪80年代以来，世界各国相继将传感器技术列为重点发展的技术领域。

传感器广泛应用于各个学科领域。在基础学科和尖端技术的研究中，大到漫无边际茫茫宇宙，小到10^{-13} cm的粒子世界；长到数10亿年的天体演化，短到10^{-24} s的瞬间反应；高达5×10^{4}℃的超高温，低到10^{-6} K以下的超低温；从25 T超强磁场，到10^{-11} T的超弱磁场……要完成如此极巨和极微信息的测量，单靠人的感官和一般电子设备早已无能为力，必须凭借配备有专门传感器的高精度测试仪器或大型测试系统的帮助。传感器技术的发展，正在把人类感知、认识物质世界的能力推向一个新的高度。

在工业领域和国防领域，高度自动化的装置、系统、工厂和设备是传感器的大集合地。从工业自动化中的柔性制造系统（FMS）、计算机集成制造系统（CIMS）、几十万千瓦的大型发电机组、连续生产的轧钢生产线、无人驾驶的汽车、多功能武器指挥系统，直至宇宙飞船或星际、海洋探测器等，无不装置数以千计的传感器，昼夜发送各种各样的工况参数，以达到监控运行的目的，成为运行精度、生产速度、产品质量和设备安全的重要保障。

在生物工程、医疗卫生、环境保护、安全防范、家用电器等与人们生活密切相关的方面，传感器的应用也已层出不穷。可以肯定地说，未来的社会将是充满传感器的世界。

二、传感器的定义

传感器英文名称是transducer或sensor，国家标准GB/T 7665—2005《传感器通用术语》

中对传感器下的定义是："能感受规定的被测量并按照一定的规律转换成可用信号的器件或装置，通常由敏感元件和转换元件组成。"传感器是一种检测装置，能感受到被测量的信息，并能将检测感受到的信息，按一定规律变换成为电信号或其他所需形式的信息输出，以满足信息的传输、处理、存储、显示、记录和控制等要求。它是实现自动检测和自动控制的首要环节。

传感器在新韦氏大词典中的定义是："从一个系统接受功率，通常以另一种形式将功率送到第二个系统中的器件。"根据这个定义，传感器的作用是将一种能量转换成另一种能量形式，所以不少学者也用"换能器（transducer）"来称谓"传感器（sensor）"。

三、传感器的主要分类

可以用不同的观点对传感器进行分类，如转换原理（传感器工作的基本物理或化学效应）、用途、输出信号类型以及制作材料和工艺等。

1. 根据转换原理分类

根据转换原理，传感器可分为物理传感器和化学传感器两大类。

物理传感器应用的是物理效应，诸如磁致伸缩现象，离化、极化、热电、光电、磁电、压电等效应。被测信号量的微小变化都将转换成电信号。

化学传感器包括那些以化学吸附、电化学反应等现象为因果关系的传感器，被测信号量的微小变化也将转换成电信号。

有些传感器既不能划分到物理类，也不能划分为化学类。大多数传感器是以物理原理为基础运作的。化学传感器技术问题较多，例如可靠性问题、规模生产的可能性、价格问题等，解决了这类难题，化学传感器的应用将会更为广泛。

2. 根据用途分类

根据用途传感器可分为压力敏和力敏传感器、位置传感器、液面传感器、能耗传感器、速度传感器、加速度传感器、射线辐射传感器、热敏传感器、24 GHz 雷达传感器等。

3. 根据原理分类

传感器按照其原理可分为振动传感器、湿敏传感器、磁敏传感器、气敏传感器、真空度传感器和生物传感器等。

4. 根据输出信号标准分类

① 模拟传感器：将被测量的非电学量转换成模拟电信号输出。

② 数字传感器：将被测量的非电学量转换成数字信号输出（包括直接和间接转换）。

③ 膺数字传感器：将被测量的信号量转换成频率信号或短周期信号输出（包括直接或间接转换）。

④ 开关传感器：当一个被测量的信号达到某个特定的阈值时，传感器相应地输出一个设定的低电平或高电平信号。

5. 根据材料分类

在外界因素的作用下，所有材料都会做出相应的、具有特征性的反应。它们中的那些对外界作用最敏感的材料，即那些具有功能特性的材料，被用来制作传感器的敏感元件。从所应用的材料观点出发可将传感器分成下列几类：

① 按照所用材料的类别分：金属聚合物和陶瓷混合物。

② 按材料的物理性质分：导体、绝缘体和半导体磁性材料。

③ 按材料的晶体结构分：单晶、多晶和非晶材料。

6. 根据制造工艺分类

根据制造工艺的不同，传感器可分为集成传感器、薄膜传感器、厚膜传感器和陶瓷传感器。

集成传感器是用标准的生产硅基半导体集成电路的工艺技术制造的。通常还将用于初步处理被测信号的部分电路也集成在同一芯片上。

薄膜传感器是通过沉积在介质衬底（基板）上的，相应敏感材料的薄膜形成的。使用混合工艺时，同样可将部分电路制造在此基板上。

厚膜传感器是利用相应材料的浆料，涂覆在陶瓷基片上制成的，基片通常是用 Al_2O_3 制成的，然后进行热处理，使厚膜成形。

陶瓷传感器采用标准的陶瓷工艺或其某种变种工艺（溶胶－凝胶等）生产。

完成适当的预备性操作之后，已成形的元件在高温中进行烧结。厚膜传感器和陶瓷传感器这两种工艺之间有许多共同特性，在某些方面，可以认为厚膜工艺是陶瓷工艺的一种变型。

每种工艺技术都有自己的优点和不足。由于研究、开发和生产所需的资本投入较低，以及传感器参数的高稳定性等原因，采用陶瓷和厚膜传感器比较合理。

7. 根据测量目的不同分类

根据测量目的的不同，传感器可分为物理型传感器、化学型传感器和生物型传感器。

物理型传感器是利用被测量物质的某些物理性质发生明显变化的特性制成的。

化学型传感器是利用能把化学物质的成分、浓度等化学量转化成电学量的敏感元件制成的。

生物型传感器是利用各种生物或生物物质的特性制成的，用以检测与识别生物体内化学成分的传感器。

四、传感器的命名方法

传感器的命名方法：主题词加四级修饰语。说明如下：

① 主题词：传感器。

② 第一级修饰语：被测量，包括修饰被测量的定语。

③ 第二级修饰语：转换原理，一般可后续以“式”字。

④ 第三级修饰语：特征描述，指必须强调的传感器结构、性能、材料特征、敏感元件及其他必要的性能特征，一般可后续以“型”字。

⑤ 第四级修饰语：主要技术指标（量程、精确度、灵敏度等）。

题目中的用法：在有关传感器的统计表格、图书索引、检索以及计算机汉字处理等特殊场合，应采用上述的顺序，例如：传感器，位移，应变［计］式，100 mm；传感器，绝对压力，应变式，放大型，1 ～ 3 500 kPa；传感器，加速度，压电式，20 g。

正文中的用法：在技术文件、产品样本、学术论文、教材及书刊的陈述句子中，作为产品名称应采用与上述相反的顺序，例如：10 mm 应变式位移传感器。

传感器命名构成及各级修饰语举例一览表见表 1–1。

表 1–1　传感器命名构成及各级修饰语举例一览表

主题词	第一级修饰语（被测量）	第二级修饰语（转换原理）	第三级修饰语（特征描述）	第四级修饰语（技术指标）	
				范　围（量程、精确度、灵敏度）	单　位
传感器	速度	电位器［式］	直流输出		
	加速度	电阻［式］	交流输出		
	加加速度	电流［式］	频率输出		
	冲击	电感［式］	数字输出		
	振动	电容［式］	双输出		
	力	电涡流［式］	放大		
	质量（称重）	电热［式］	离散增量		
	压力	电磁［式］	积分		
	声压	电化学［式］	开关		
	力矩	电离［式］	陀螺		
	姿态	压电［式］	涡轮		
	位移	压阻［式］	齿轮转子		
	液位	应变计［式］	振动元件		
	流量	谐振［式］	波纹管		
	温度	伺服［式］	波登管		
	热流	磁阻［式］	膜盒		
	热通量	光电［式］	膜片		
	可见光	光化学［式］	离子敏感 FET		
	照度	光纤［式］	热丝		
	湿度	激光［式］	半导体		
	黏度	超声［式］	陶瓷		
	浊度	（核）辐射［式］	聚合物		
	离子活［浓］度	热电	固体电解质		
	电流	热释电	自源		
	磁场		粘贴		
	马赫数		非粘贴		
	射线		焊接		

五、传感器的基本特性

传感器的基本特性主要是指传感器的输入/输出的关系，它有静态、动态之分。

1. 传感器的静态特性

传感器的静态特性是指对静态的输入信号，传感器的输出量与输入量之间所具有的相互关系。因为这时输入量和输出量都和时间无关，所以它们之间的关系，即传感器的静态特性可用一个不含时间变量的代数方程，或以输入量作为横坐标，把与其对应的输出量作为纵坐标而画出的特性曲线来描述。表征传感器静态特性的主要参数有：线性度、灵敏度、迟滞、重复性、漂移等。

（1）线性度

线性度指传感器输出量与输入量之间的实际关系曲线偏离拟合直线的程度。定义为在全量程范围内实际特性曲线与拟合直线之间的最大偏差值与满量程输出值之比。端点连线线性度拟合直线如图 1-1 所示，ΔL_{max} 为输出平均值与拟合直线间的最大偏差。

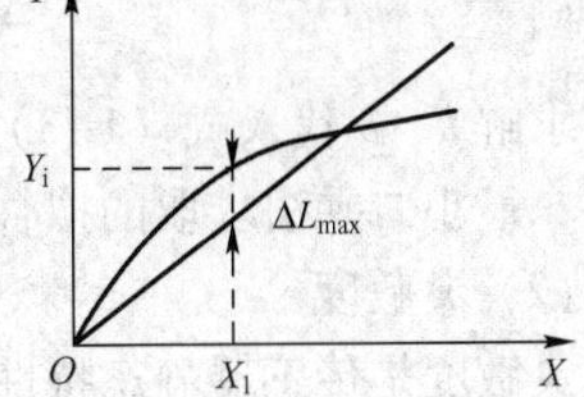

图 1-1　端点连线线性度拟合直线

传感器输入/输出关系可以用多项式表示为

$$y = a_0 + a_1x + a_2x^2 + a_3x^3 + \cdots + a_nx^n \qquad (1\text{-}1)$$

式中，x 为输入量；y 为输出量；a_0 为 $x=0$ 时的输出（y）值；a_1 为理想灵敏度；a_2，a_3，$\cdots a_n$ 为非线性项系数。

人们希望一个理想的传感器具有线性的输入/输出关系，由于实际传感器输入总有非线性（高次项）存在，所以 $x-y$ 总是非线性关系。在小范围内用割线、切线近似代表实际曲线使输入/输出线性化。近似后的直线与实际曲线之间存在的最大偏差称为传感器的非线性误差——线性度，如图 1-2 所示。

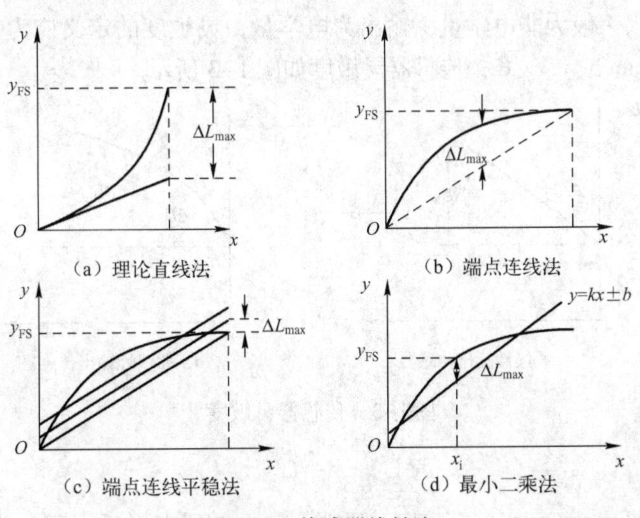

图 1-2　传感器线性度

线性度通常用相对误差表示：

$$\gamma_{\mathrm{L}}=\frac{\Delta L_{\max}}{y_{\mathrm{FS}}}\times 100\% \tag{1-2}$$

式中，$\Delta L_{\max}$为最大非线性绝对误差；y_{FS}为满量程输出；γ_{L} 为线性度。

提出线性度的非线性误差，必须说明所依据的基准直线，按照依据基准直线的不同有不同的线性度：理论线性度、端基线性度、独立线性度。

最小二乘法线性度设拟合直线方程为

$$y=kx+b \tag{1-3}$$

取 n 个测点，第 i 个测点与直线间残差为

$$\Delta i=y_i-(kx_i+b) \tag{1-4}$$

根据最小二乘法原理取所有测点的残差平方和为最小值：

$$\sum_{i=1}^{n}\Delta i^2=\Delta_{\min}\quad \frac{\partial}{\partial k}\sum_{i=1}^{n}\Delta i^2=0\quad \frac{\partial}{\partial b}\sum_{i=1}^{n}\Delta i^2=0 \tag{1-5}$$

求解 k、b 代入式（1-3）做拟合直线，实际曲线与拟合直线的最大残差 $\Delta i_{\max}$ 为非线性误差，最小二乘法求取的拟合直线拟合精度最高，也是最常用的方法。

（2）灵敏度

灵敏度是传感器静态特性的一个重要指标。其定义为输出量的增量与引起该增量的相应输入量增量之比。一般用 S 表示灵敏度。

在稳定条件下，灵敏度表示输出微小增量与输入微小增量的比值。对于线性传感器，灵敏度就是直线的斜率：$S=\frac{\mathrm{V}y}{\mathrm{V}x}=\frac{\mathrm{d}y}{\mathrm{d}x}$。

对于非线性传感器，灵敏度为一变量：$S=\frac{\mathrm{d}y}{\mathrm{d}x}$。

由于传感器输入一般为非电学量，输出为电学量，灵敏度的定义应为每伏电压的灵敏度，灵敏度单位为 mV/mm 或 mV/℃，传感器灵敏度如图 1-3 所示。

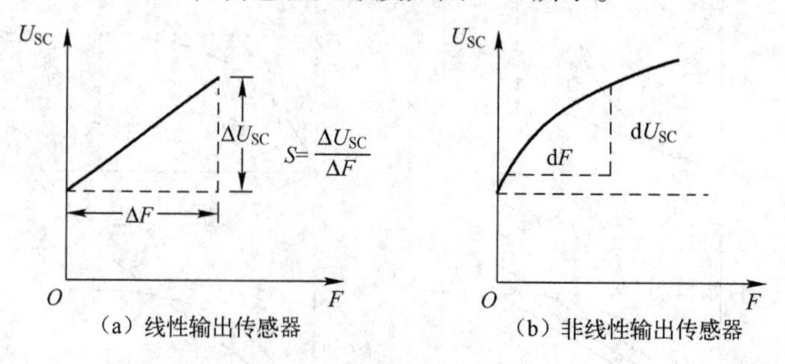

图 1-3　传感器灵敏度

（3）迟滞

传感器在输入量由小到大（正行程）及输入量由大到小（反行程）变化期间其输入/输

出特性曲线不重合的现象称为迟滞。对于同一大小的输入信号，传感器的正反行程输出信号大小不相等，这个差值称为迟滞差值。

例如：用一个电子秤称重。

加砝码 10 g—50 g—100 g—200 g。

电桥输出 0.5 mV—2 mV—4 mV—10 mV。

减砝码输出 1 mV—5 mV—8 mV—10 mV。

产生这种现象的原因是由于敏感元件材料的物理性质存在缺陷，如弹性元件的滞后，铁磁体、铁电体在外加磁场、电场时也会产生这种现象。

迟滞特性曲线如图 1-4 所示，迟滞误差一般由满量程输出的百分数表示：

$$\gamma_H = \pm \frac{\Delta H_{max}}{Y_{FS}} \times 100\% \quad \Delta H_{max} = Y_2 - Y_1 \tag{1-6}$$

式中，ΔH_{max}为正、反行程输出值间的最大差值；Y_{FS}为输入最大值时的输出值。

（4）重复性

重复性是指传感器在输入量按同一方向做全量程连续多次变化时，所得特性曲线不一致的程度。重复性曲线如图 1-5 所示，图中 ΔR_{max1} 为正行程最大重复性偏差，ΔR_{max2} 为反行程最大重复性偏差。

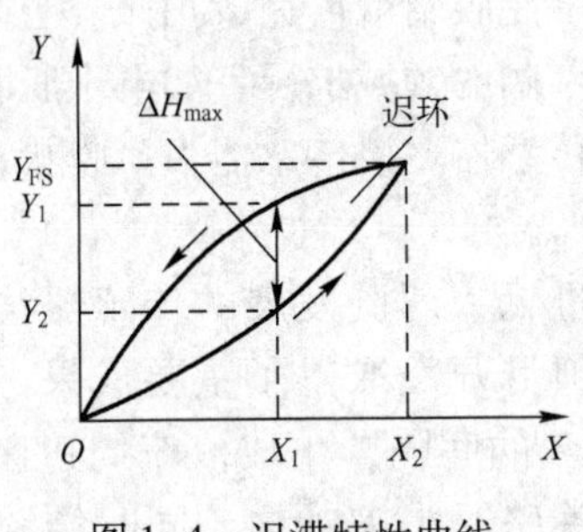

图 1-4　迟滞特性曲线

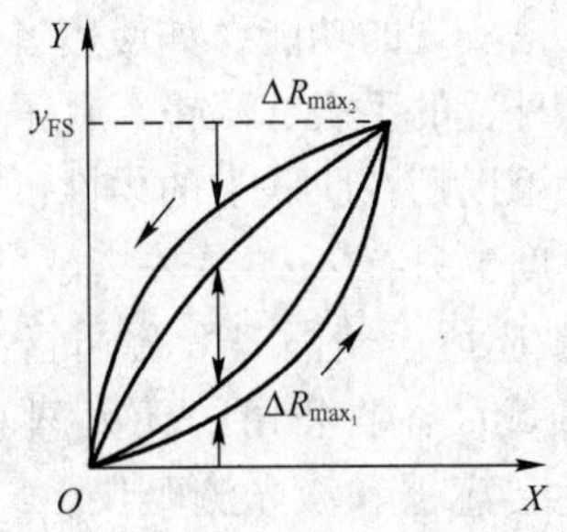

图 1-5　重复性曲线

传感器输入量按同一方向做多次测量时，输出特性不一致的程度属于随机误差，可用标准偏差表示：

$$\gamma_z = \pm \frac{(2 \sim 3)\sigma_{max}}{Y_{FS}} \times 100\% \tag{1-7}$$

式中，σ_{max}为最大标准差；（2 ～3）为置信度，置信度取 2 时置信概率为 95.4%，置信度取 3 时，置信概率为 99.7%。

输出特性不一致的程度也可用最大重复偏差表示：

$$\gamma_{z\,max} = \pm \frac{R_{max}}{Y_{FS}} \times 100\% \tag{1-8}$$

（5）漂移

在输入量不变的情况下，传感器输出量随着时间变化的现象称为传感器的漂移。产生漂移的原因有两个方面：一是传感器自身结构参数的变化；二是周围环境（如温度、湿度等）的变化。

2. 传感器动态特性

传感器动态特性是指传感器在输入变化时，它的输出特性。在实际工作中，传感器的动态特性常用它对某些标准输入信号的响应来表示。这是因为传感器对标准输入信号的响应容易用实验方法求得，并且它对标准输入信号的响应与它对任意输入信号的响应之间存在一定的关系，往往知道了前者就能推定后者。最常用的标准输入信号有阶跃信号和正弦信号两种，所以传感器的动态特性也常用阶跃响应和频率响应来表示。由于动态特性的研究方法与控制理论中介绍的研究方法相似，故在此不做介绍。

六、传感器发展趋势

随着材料科学、纳米技术、微电子等领域前沿技术的突破，以及经济社会发展的需求，以下四大领域可能成为传感器技术未来发展的重点。

① 可穿戴式应用。据美国 ABI 调查公司预测，2017 年可穿戴式传感器的数量将会达到 1.6 亿个。以谷歌眼镜为代表的可穿戴设备是最受关注的硬件创新。谷歌眼镜内置多达 10 余种传感器，包括陀螺仪传感器、加速度传感器、磁力传感器、线性加速传感器等，实现了一些传统终端无法实现的功能，如使用者仅需眨一眨眼睛就可完成拍照。当前，可穿戴设备的应用领域正从外置的手表、眼镜、鞋子等向更广阔的领域扩展，如电子肌肤等。东京大学也已开发出一种可以贴在肌肤上的柔性可穿戴式传感器。该传感器为薄膜状，单位面积质量只有 3 g/m^2，厚度也只有 2 μm 左右。

② 无人驾驶应用。美国 IHS 公司指出，推进无人驾驶发展的传感器技术应用正在加快突破。在该领域，谷歌公司的无人驾驶车辆项目开发取得了重要成果，通过车内安装的照相机、雷达传感器和激光测距仪，以 20 次/s 的间隔，生成汽车周边区域的实时路况信息，并利用人工智能软件进行分析，预测相关路况未来动向，同时结合谷歌地图来进行道路导航。谷歌无人驾驶汽车已经在内华达州、佛罗里达州和加利福尼亚州获得了上路行使权。奥迪、奔驰、宝马和福特等全球汽车巨头均已展开无人驾驶技术研发，有的车型已接近量产。

③ 医护和健康监测应用。国内外众多医疗研究机构，包括国际著名的医疗行业巨头在传感器技术应用于医疗领域方面已取得重要进展。如罗姆公司目前正在开发一种使用近红外光（NIR）的图像传感器，其原理是照射近红外光 LED 后，使用专用摄像器件拍摄反射光，通过改变近红外光的波长获取图像，然后通过图像处理使血管等更加鲜明地呈现出来。一些研究机构在能够嵌入或吞入体内的材料制造传感器方面已取得进展。如美国佐治亚理工学院正在开发具备压力传感器和无线通信电路等的体内嵌入式传感器，该器件由导电金属和绝缘薄膜构成，能够根据构成的共振电路的频率变化检测出压力的变化，发挥完作用之后就会溶解于体液中。

④ 工业控制应用。2012 年，GE 公司在《工业互联网：突破智慧与机器的界限》报告中提出，通过智能传感器将人机连接，并结合软件和大数据分析，可以突破物理和材料科学的限制，并将改变世界的运行方式。该报告同时指出，美国通过部署工业互联网，各行业可实现 1% 的效率提升，15 年内，能源行业将节省 1% 的燃料（约 660 亿美元）。2013 年 1 月，GE 公司在纽约一家电池生产企业共安装了 1 万多个传感器，用于监测生产时的温度、能源消耗和气压等数据，而工厂的管理人员可以通过显示设备获取这些数据，从而对生产进行监督。

学习情境2　力与压力的检测

本学习情境通过“电子秤”的制作，学习压力的概念、应变式传感器的工作原理、压电式传感器的工作原理、压力的测量、利用应变式传感器和压电式传感器对电子秤设计。

典型的工作任务：

电子秤的设计。

工作能力：

① 能够设计实用的电子秤。

② 能够利用常用力传感器检测力与压力量。

工作技能：

① 掌握应变式、压电式传感器的检测原理。

② 利用应变片进行力的检测。

③ 利用压电传感器进行振动的检测。

工作任务2.1　力与压力的概念

【任务提示】

力和压力是日常生活和工业生产中重要的参数之一，力和压力是什么关系呢？它们的概念是什么呢？

【任务目标】

① 掌握力的概念。

② 掌握压力的概念。

③ 掌握压力的单位及换算方法。

【知识技能】

一、力

力是物体间的相互作用，各种机械运动是力或力矩传递的效果，因此力是重要的物理量之一。

力的动力效应：改变物体的机械运动状态。

力的静力效应：造成物体的变形。

为了衡量力的大小，必须确定力的单位。在国际单位制（SI）中，以“牛［顿］”作为力的单位，记作 N；有时也以“千牛［顿］”作为单位，记作 kN。在工程单位制中，力的常用单位是“千克力”，记作 kgf；有时也采用“千千克力”即“吨力”，记作 tf。本书采用国际单位制。牛顿和千克力的换算关系是：1 kgf = 9.8 N。

二、压力

垂直作用在物体单位面积上的力称为“压力”，其实就是物理学中的压强。其表达式为

$$P = \frac{F}{S} \tag{2-1}$$

式中，P 为压力；F 为作用力；S 为作用面积。

国际单位制中定义压力的单位是：帕［斯卡］。

1 N 的力垂直作用在 1 m^2 面积上所形成的压力，称为 1 帕［斯卡］，简称帕，单位符号为 Pa。

$$1\ \text{MPa} = 10^6\ \text{Pa} = 10^3\ \text{kPa}$$

三、几种通用的压力计量单位

1. 工程大气压（单位符号为 at 或 kgf/cm^2）

1 工程大气压等于 1 kg 的力垂直作用在 1 cm^2 面积上所形成的压力。

$$1\ \text{at} = 98.0665\ \text{kPa}$$

2. 标准大气压（单位符号为 atm）

1954 年第十届国际计量大会决议声明，规定标准大气压为：1 标准大气压 = 101 325 N/m^2，即 1 atm = 101 325 Pa。

3. 毫米汞柱（单位符号为 mmHg）

在标准重力加速度（即自由落体加速度）下，0 ℃时 1 mm 高的汞柱在 1 cm^2 的底面上所产生的压力。

$$1\ \text{mmHg} = 133.3224\ \text{Pa}$$

4. 毫米水柱（单位符号为 mmH_2O）

在标准重力加速度下，4 ℃时 1 mm 高的水柱在 1 cm^2 的底面上所产生的压力。

$$1\ \text{mmH}_2\text{O} = 9.80665\ \text{Pa}$$

5. 巴（单位符号为 bar）

$$1\ \text{bar} = 10^5\ \text{Pa}$$

6. 磅力每平方英寸（单位符号为 lbf/in^2；常用英文缩略语 PSI 表示，但不规范）

$$1\ \text{PSI} = 6.89 \times 10^3\ \text{Pa}$$

工作任务2.2 压 力 计

【任务提示】

① 压力传感器的种类。
② 压电式专感器的种类。
③ 压电式传感器的结构。
④ 压电式传感器的工作原理。

【任务目标】

① 掌握压电式传感器的工作理。
② 掌握压电式传感器的使用方法。

【知识技能】

现在日常生活中用电子秤来测量物体的重量，它以使用方便、高精度等优点得到了百姓的青睐，传统的杆秤已经逐渐退出市场。电子秤测量物体是通过压力传感器将压力信号变成电信号。经常用到的压力传感器有以下几种：

① 应变式压力传感器。
② 压电式压力传感器。
③ 压阻式压力传感器。
④ 压磁式压力传感器。

本任务介绍电子秤用的较多的应变式和压电式两种传感器。

一、应变式压力传感器

1. 应变式压力传感器的工作原理

应变式传感器又称应变片。可以做一个简单的实验，如图 2-1 所示：取一根细电阻丝，记下其初始电阻（图中为 10.01 Ω）。当用力将该电阻丝拉长时，会发现其电阻略有增加（增加到 10.05 Ω）。测量应力、应变的传感器就是利用类似的原理制作的。

设有一长度为 l、截面积为 A、电阻率为 ρ 的金属单丝，其电阻 R 可表示为

$$R=\rho\frac{l}{A} \tag{2-2}$$

当沿金属丝的长度方向作用均匀拉力（或压力）时，式（2-2）中 A、l 都将发生变化，从而导致电阻值 R 发生变化。

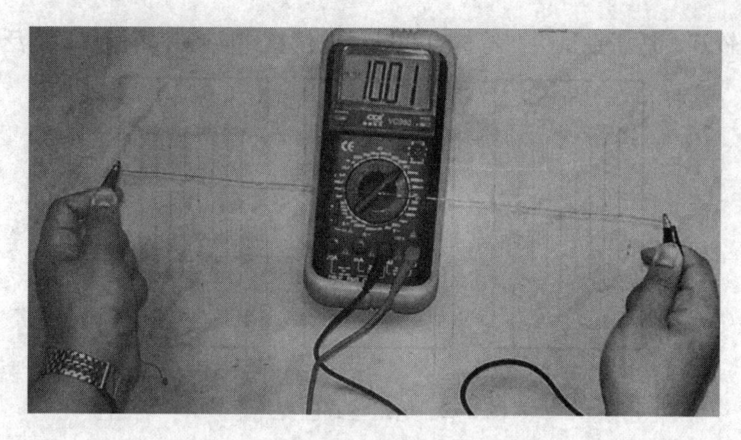

图2-1　应变式传感器工作原理

例如：

① 金属丝受拉时，l 将变长、A 变小，均导致 R 变大。

② 某些半导体受拉时，ρ 将变大，导致 R 变大。

实验证明，电阻丝及应变片的电阻相对变化量 $\Delta R/R$ 与材料力学中的轴向应变 εx 的关系在很大范围内是线性的，即

$$\Delta R/R = K\varepsilon_X \tag{2-3}$$

式中，K 为电阻应变片的灵敏度；ε_X 为电阻丝的轴向应变，又称纵向应变。ε_X 通常很小，在应变测量中，又称微应变。

对于不同的金属材料，K 略微不同，一般为 2 左右。而对半导体材料而言，由于其感受到应变时，电阻率 ρ 会产生很大的变化，所以灵敏度比金属材料大几十倍。

2. 应变式压力传感器（金属应变片）**的种类**

（1）金属丝式

金属丝式应变片使用最早，有纸基、胶基之分。由于金属丝式应变片蠕变较大，金属丝易脱胶，有逐渐被箔式所取代的趋势。但其价格便宜，多用于应变、应力的大批量、一次性试验。

丝式电阻片是用 0.003 ～ 0.01 mm 的合金丝绕成栅状制成的。电阻丝式应变片如图 2-2 所示。

（2）箔式

箔式应变片是利用光刻、腐蚀等工艺制成的一种很薄的金属箔栅，其厚度一般在 0.003 ～0.01 mm。其优点是散热条件好，允许通过的电流较大，可制成各种所需的形状，便于批量生产。

箔式应变片的敏感栅是采用光刻技术刻成的一种很薄的金属箔栅。根据不同的测量要求，可以制成不同形状的敏感栅，亦可在同一应变片上制成不同数目的敏感栅。箔式应变片具有散热条件好、允许电流大、横向效应小、疲劳寿命长、生产过程简单、在长时间测量时的蠕

变较小，一致性较好、适于批量生产等优点，已经取代丝式应变片而得到了广泛的应用。

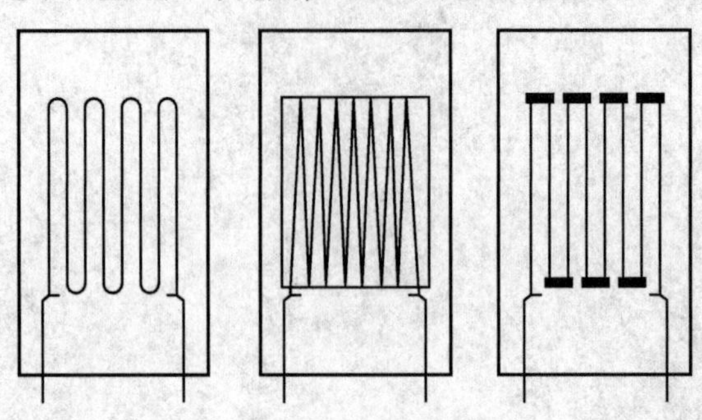

图 2-2　电阻丝式应变片

还可以对金属箔式应变片进行适当的热处理，使其线胀系数、电阻温度系数以及被粘贴的试件的线胀系数三者相互抵消，从而将温度影响减小到最小的程度，目前广泛用于各种应变式传感器中。箔式传感器如图 2-3 所示。

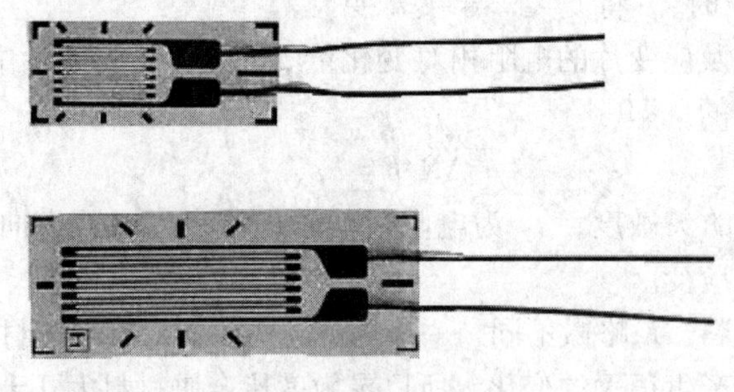

图 2-3　箔式传感器

（3）薄膜式

薄膜应变片是采用真空蒸发或真空沉淀等方法在薄的绝缘基片上形成 0.1 μm 以下的金属电阻薄膜的敏感栅，最后再加上保护层。它的优点是应变灵敏度系数大，允许电流密度大，工作范围广。

3. 应变片的组成和结构

① 组成：敏感栅、基底、盖片、引线和黏结剂等组成。

这些部分所选用的材料将直接影响应变片的性能。因此，应根据使用条件和要求合理地加以选择。

② 电阻应变片的结构如图 2-4 所示。

（1）敏感栅

由金属细丝绕成栅形。电阻应变片的电阻为 60 Ω、120 Ω、200 Ω 等多种规格，以120 Ω 最为常用。

对敏感栅材料的要求：

① 应变灵敏系数大，并在所测应变范围内保持为常数；

② 电阻率高而稳定，以便于制造小栅长的应变片；

③ 电阻温度系数小；

④ 抗氧化能力高，耐腐蚀性能强；

⑤ 在工作温度范围内能保持足够的抗拉强度；

⑥ 加工性能良好，易于拉制成丝或轧压成箔材；

⑦ 易于焊接，对引线材料的热电势小。

对应变片要求必须根据实际使用情况，合理选择。

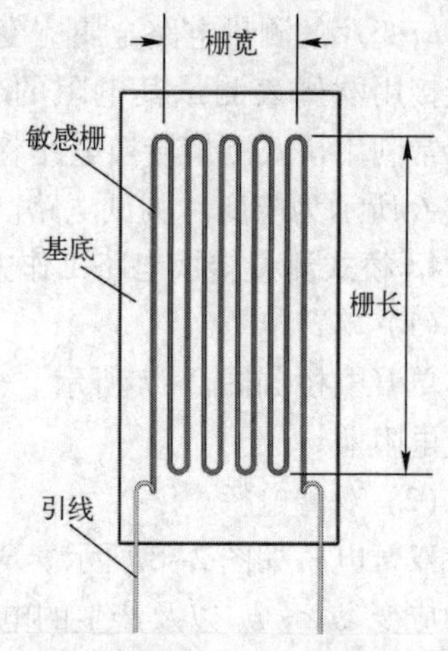

图 2-4　电阻应变片结构示意图

（2）基底和盖片

基底用于保持敏感栅、引线的几何形状和相对位置，盖片既保持敏感栅和引线的形状和相对位置，还可保护敏感栅。基底的全长称为基底长，其宽度称为基底宽。

（3）引线

是从应变片的敏感栅中引出的细金属线。对引线材料的性能要求：电阻率低、电阻温度系数小、抗氧化性能好、易于焊接。大多数敏感栅材料都可制作引线。

（4）黏结剂

用于将敏感栅固定于基底上，并将盖片与基底粘贴在一起。使用金属应变片时，也需用黏结剂将应变片基底粘贴在构件表面某个方向和位置上。以便将构件受力后的表面应变传递给应变计的基底和敏感栅。

常用的黏结剂分为有机和无机两大类。有机黏结剂用于低温、常温和中温。常用的有聚丙烯酸酯、酚醛树脂、有机硅树脂，聚酰亚胺等。无机黏结剂用于高温，常用的有磷酸盐、硅酸盐和硼酸盐等。

用应变片测试应变时，将应变片粘贴在试件表面。当试件受力变形后，应变片上的电阻丝也随之变形，从而使应变片电阻值发生变化，通过测量转换电路最终转换成电压或电流的变化。图 2-5 所示为应变片粘贴测试件表面。

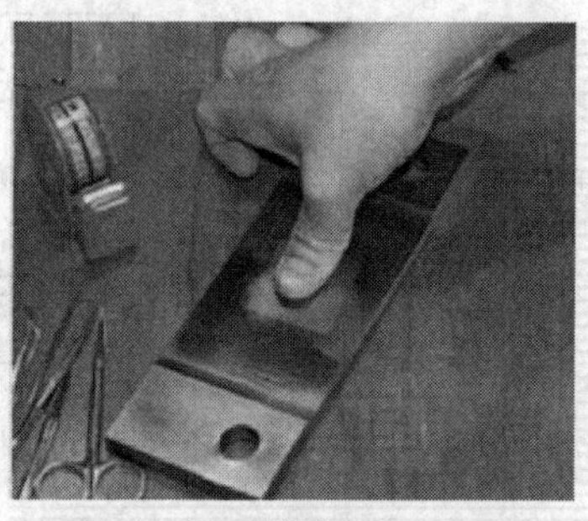

（a）粘贴应变片

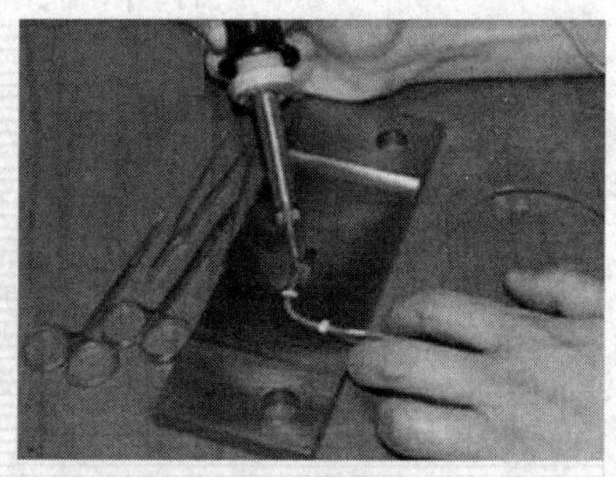

（b）焊接导线

图 2-5　应变片黏贴测试件表面

应变片的测量电路金属应变片的电阻变化范围很小，如果直接用欧姆表测量其电阻的变化将十分困难，且误差很大。常利用桥式测量转换电路将 $\Delta R/R$ 转换为输出电压 U_o。图 2-6 所示为应变片测试电路。

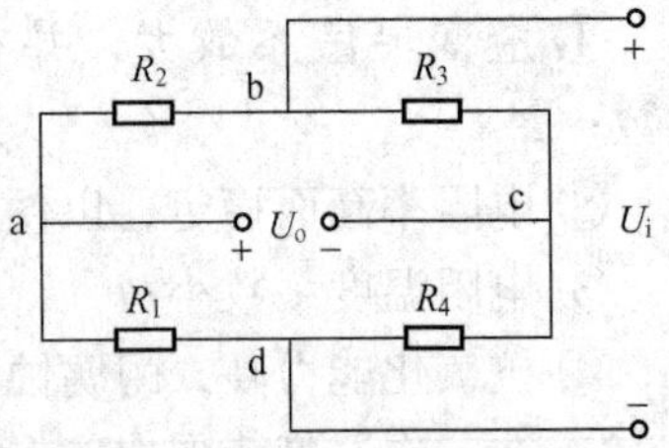

图 2-6　应变片测试电路

4. 桥式测量转换电路工作方式

（1）单臂电桥

单臂电桥如图 2-7 所示。R_1 为应变片，R_2、R_3、R_4 为固定电阻器。

（2）双臂电桥

双臂电桥如图 2-8 所示。R_1、R_2 为应变片，R_3、R_4 为固定电阻器。应变片 R_1、R_2感受到的应变 $\varepsilon_1 \sim \varepsilon_2$ 以及产生的电阻增量正负号相间，可以使输出电压 U_o 成倍地增大。双臂电桥的试件如图 2-9 所示。

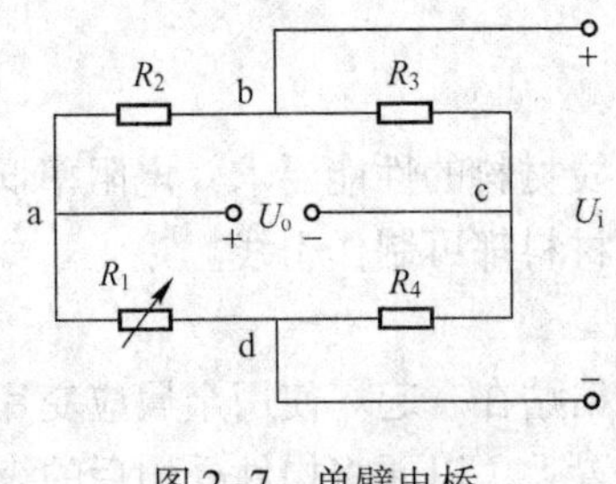

图 2-7　单臂电桥

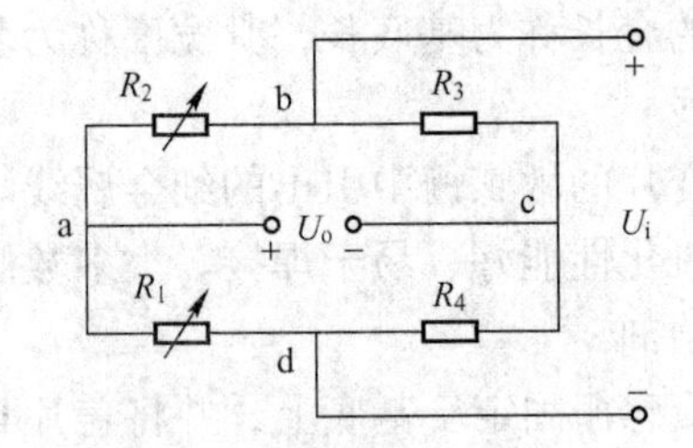

图 2-8　双臂电桥

（3）四臂全桥

全桥的四个桥臂都为应变片，如图 2-10 所示，如果设法使试件受力后，应变片 $R_1 \sim R_4$ 产生的电阻增量（或感受到的应变 $\varepsilon_1 \sim \varepsilon_4$ 正负号相间，就可以使输出电压 U_o 成倍地增大。上述三种工作方式中，全桥四臂工作方式的灵敏度最高，双臂半桥次之，单臂半桥灵敏度最低。采用全桥（或双臂半桥）还能实现温度自补偿。

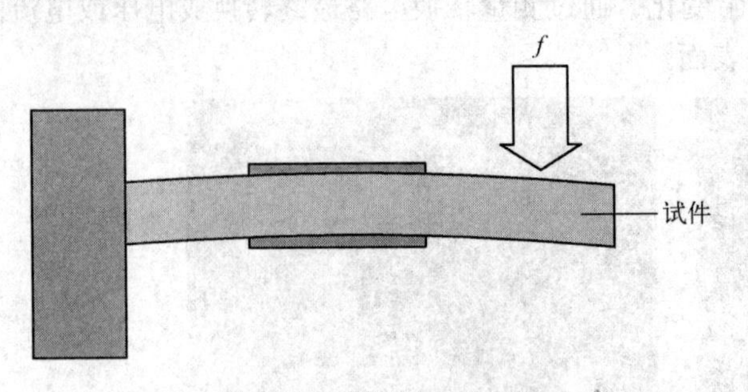

图 2-9　双臂电桥的试件

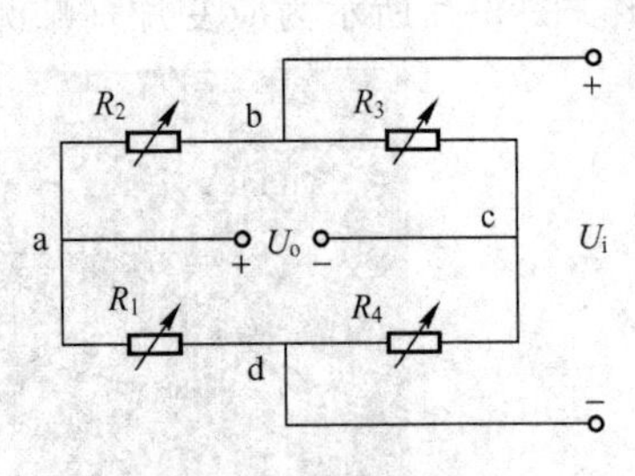

图 2-10　四臂电桥

二、应变片的温度误差及补偿

1. 应变片的温度误差

由于测量现场环境温度的改变而给测量带来的附加误差，称为应变片的温度误差。产生应变片温度误差的主要因素如图 2-11 所示。

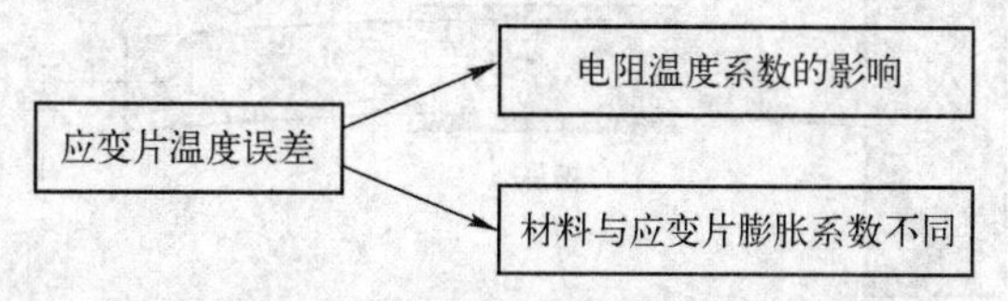

图 2-11　产生应变片温度误差的主要因素

（1）电阻温度系数的影响

敏感栅的电阻丝阻值随温度变化的关系可用式（2-4）表示

$$R_t = R_0(1+\alpha_0\Delta t) \tag{2-4}$$

式中，R_t 为温度在 t（℃）时的电阻；R_0 为温度在 $t=0$℃时的电阻；α_0 为金属丝的电阻温度系数；Δt 为温度变化值，$\Delta t = t - t_0$。

当温度变化 Δt 时，电阻丝电阻的变化为 $\Delta R_t = R_t - R_0 = R_0\alpha_0\Delta t$。

（2）试件材料和电阻丝材料的线膨胀系数的影响

当试件与电阻丝材料的线膨胀系数相同时，不论环境温度如何变化，电阻丝的变形仍和自由状态一样，不会产生附加变形。当试件和电阻丝膨胀系数不同时，由于环境温度的变化，电阻丝会产生附加变形，从而产生附加电阻。

2. 电阻应变片的温度补偿方法

电阻应变片的温度补偿方法通常有线路补偿和应变片自补偿两大类。

线路补偿法如图 2-12 所示，若实现完全补偿，必须满足四个条件：

① 在应变片工作过程中，保证 $R_3 = R_4$。

② R_1 和 R_B 两个应变片应具有相同的电阻温度系数 α、膨胀系数 β、应变灵敏度系数 K、初始电阻 R_0。

③ 粘贴补偿片的补偿块材料和粘贴工作片的被测试件材料必须一样，两者线膨胀系数相同。

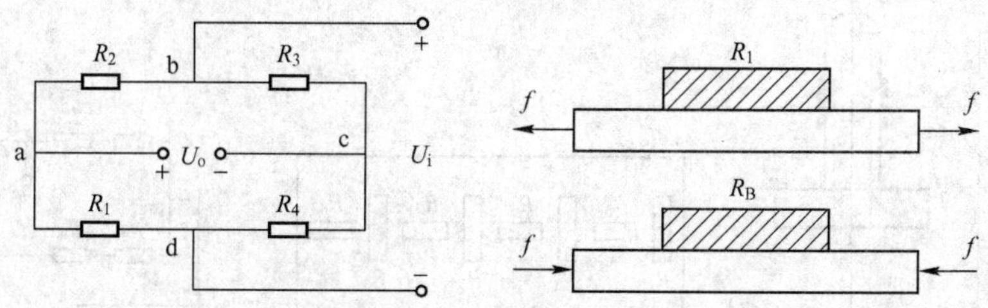

图 2-12　线路补偿法

R_1—工作应变片；R_B—补偿应变片

④ 两应变片应处于同一温度场。

对于应变片自补偿，需要巧妙的安装应变片，如图 2-13 所示。

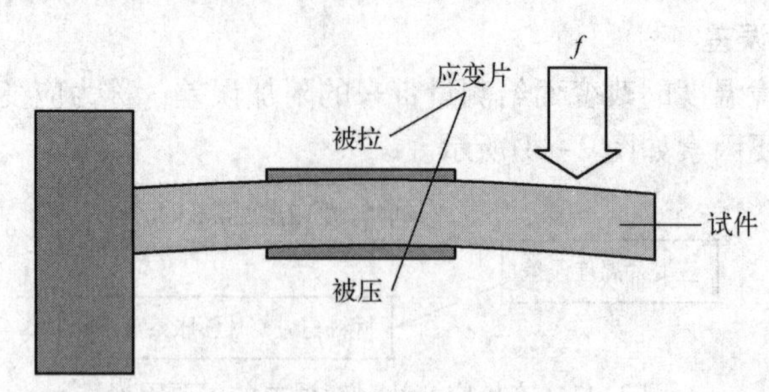

图 2-13　应变片的安装

三、应变片的粘贴

1. 去污

采用手持砂轮工具除去构件表面的油污、漆、锈斑等，并用细纱布交叉打磨出细纹以增加粘贴力，用浸有酒精或丙酮的纱布片或脱脂棉球擦洗。

2. 贴片

在应变片的表面和处理过的粘贴表面上，各涂一层均匀的粘贴胶，用镊子将应变片放上去，并调好位置，然后盖上塑料薄膜，用手指揉并滚压，排出下面的气泡。

3. 接引线

引出导线要用柔软、不易老化的胶合物适当地加以固定，以防止导线摆动时折断应变片的引线。然后在应变片上涂一层柔软的防护层，以防止大气对应变片的侵蚀，保证应变片长期工作的稳定性。

四、力及压力传感器外形

力传感器的外形如图 2-14 和图 2-15 所示。

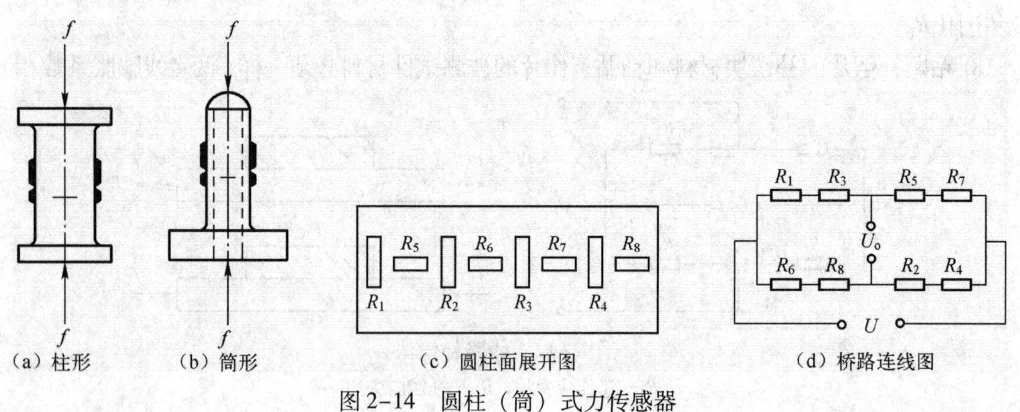

图 2-14　圆柱（筒）式力传感器

传感器应变片的受力位置如图 2-16 所示。荷重传感器上的应变片在重力作用下产生变形。轴向变短，径向变长。应变片的受力变形如图 2-17 所示。

图 2-15　环式力传感器

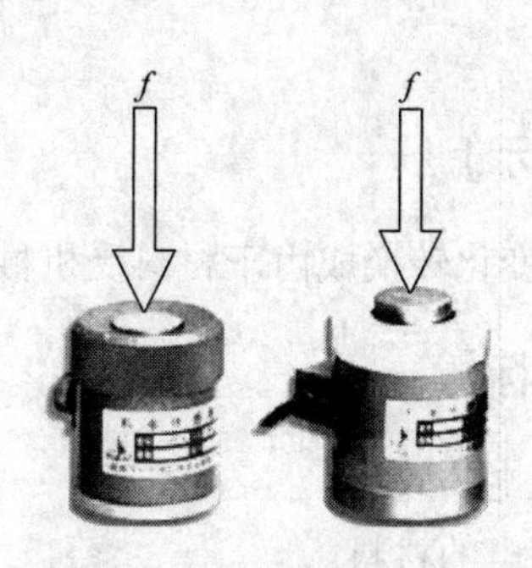

图 2-16　应变片的受力位置

练习以下习题，巩固对压力传感器的理解。

① 应变片测量力的原理是什么？

② 应变片有哪几种类型？

③ 单臂、半桥和全桥电路的灵敏度有怎样的倍数关系？谁的灵敏度最大？

④ 图 2-18 所示为一个圆柱体弹性元件，A、B、C、D 是四个应变片，观察它们粘贴的位置后判断四个应变片在电桥中应怎样连接？画出电桥电路来说明。

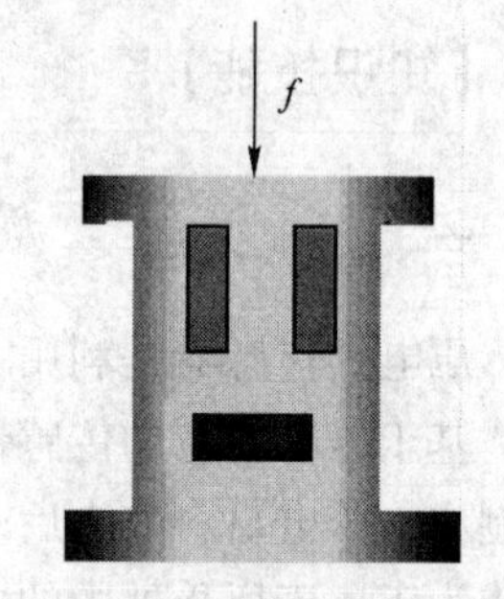

图 2-17　应变片的受力变形

⑤ 如图 2-19 所示，如需测量弯曲力和拉伸力，那么应变片应该怎样连接在电桥电路中，分别画出测量弯曲力和拉伸力的测量电桥电路。

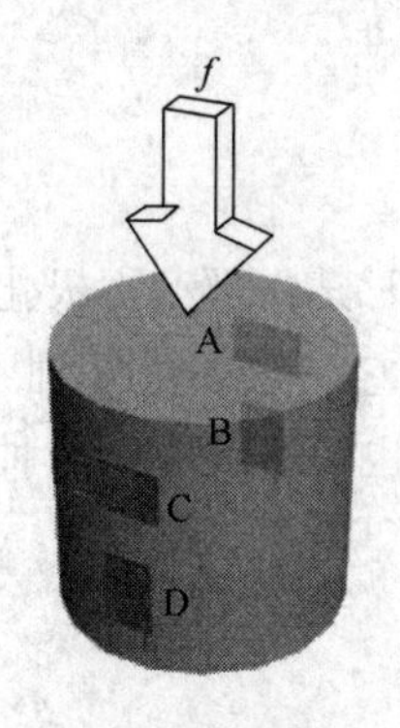

图 2-18　第④题

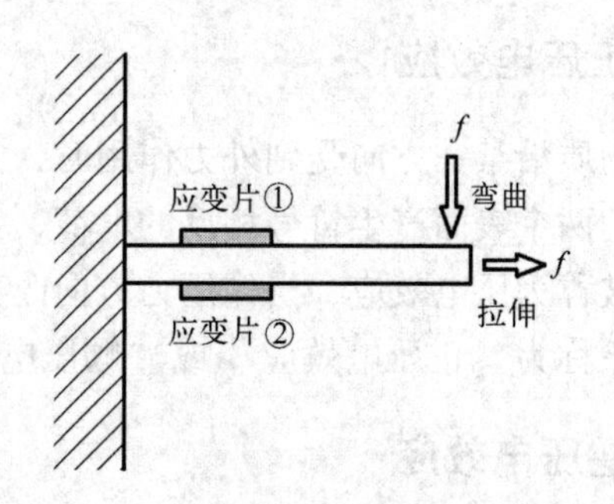

图 2-19　第⑤题

工作任务2.3 压电式传感器

【任务提示】

将被测量变化转换成由于材料受机械力产生的静电电荷或电压变化的传感器。

【任务目标】

① 掌握压电的效应。
② 掌握压电的材料。
③ 掌握压电的参数。

【知识技能】

一、压电效应

压电式传感器是利用了物体的压电效应。压电效应可分为正压电效应和逆压电效应。

基于压电效应的传感器。是一种自发电式和机电转换式传感器。它的敏感元件由压电材料制成。压电材料受力后表面产生电荷。此电荷经电荷放大器和测量电路放大和变换阻抗后就成为正比于所受外力的电量输出。压电式传感器用于测量力和能变换为力的非电物理量。它的优点是频带宽、灵敏度高、信噪比高、结构简单、工作可靠和重量轻等。缺点是某些压电材料需要防潮措施，而且输出的直流响应差，需要采用高输入阻抗电路或电荷放大器来克服这一缺陷。

二、正压电效应

某些物质沿某一方向受到外力作用时，会产生变形，同时其内部产生极化现象，此时在这种材料的两个表面产生符号相反的电荷，当外力去掉后，它又重新恢复到不带电的状态，这种现象被称为压电效应，当作用力方向改变时，电荷极性也随之改变。这种机械能转化为电能的现象称为“正压电效应”或“顺压电效应”，如图2–20所示。

三、逆压电效应

当在某些物质的极化方向上施加电场，这些材料在某一方向上产生机械变形或机械压力；当外加电场撤去时，这些变形或应力也随之消失。这种电能转化为机械能的现象称为“逆压电效应”或“电致伸缩效应”。电效应的可逆性如图2–21所示。

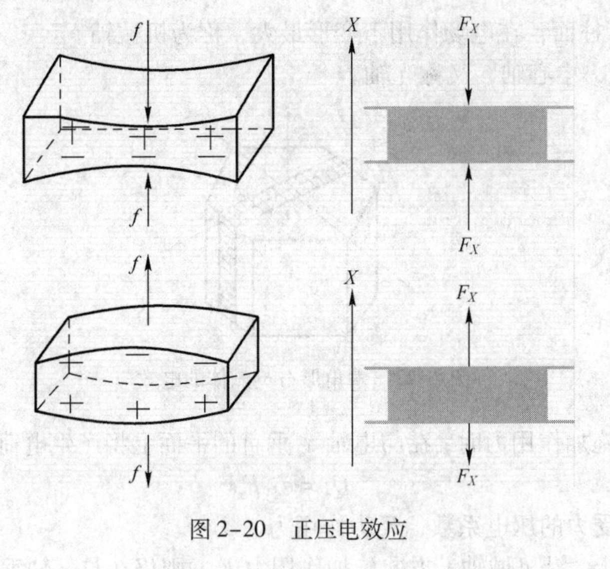

图 2-20　正压电效应

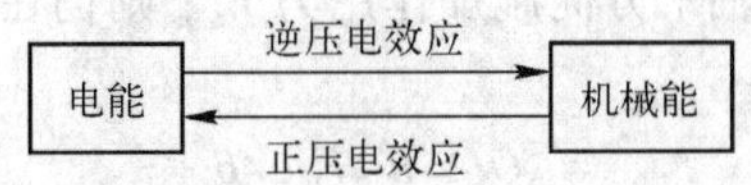

图 2-21　电效应的可逆性

四、压电材料

明显呈现压电效应的敏感功能材料称为压电材料。

常用的材料有压电单晶体，如石英、水溶性压电晶体（包括酒石酸钾钠、酒石酸乙烯二铵、酒石酸二钾、硫酸锤等）；多晶压电陶瓷，如钛酸钡、锆钛酸铅、铌镁酸铅等，又称为压电陶瓷。此外，聚偏二氟乙烯（PVDF）作为一种新型的高分子物性型传感材料得到广泛的应用。

五、石英晶体的压电效应

图 2-22 所示为天然石英晶体，其结构形状为一个六角形晶柱，两端为一对称棱锥。石英（SiO_2）晶体结晶形状为六角形晶柱。两端为一对称的棱锥，六棱柱是它的基本组织，纵轴 z 称作光轴，通过六角棱线而垂直于光轴的轴线 x 称作电轴，垂直于棱面的轴线 y 称作机械轴。如果从晶体中切下一个平行六面体，并使其晶面分别平行于 z、y、x 轴线，这个晶片在正常状态下不呈现电性。当施加外力时，将沿 x 方向形成电场，其电荷分布在垂直于 x 轴的平面上。

石英的晶体结构为六方晶体系，化学式为 SiO_2。

定义：

x：两平行柱面内夹角等分线，垂直此轴压电效应最强，称为电轴。

y：垂直于平行柱面，在电场作用下变形最大，称为机械轴。

z：无压电效应，中心轴，又称光轴。

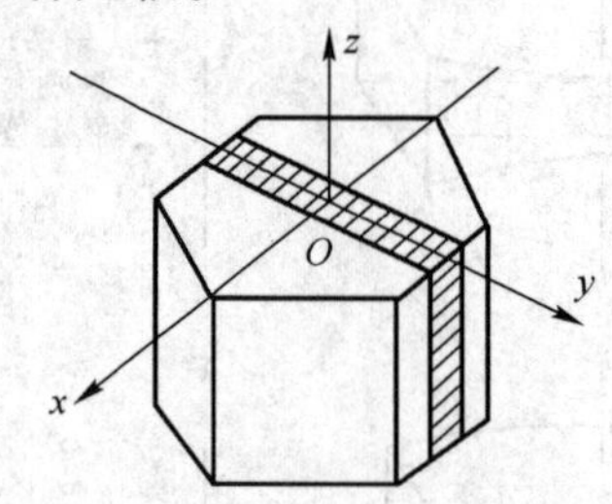

图 2-22 六角形石英晶体的电效应

当在电轴方向施加作用力时，在与电轴 x 垂直的平面上将产生电荷，其大小为

$$Q_x = d_{11} F_x$$

式中，d_{11}为 x 方向受力的压电系数；F_x为作用力。

若在同一切片上，沿机械轴 y 方向施加作用力 F_y，则仍在与 x 轴垂直的平面上产生电荷 q_y，其大小为

$$Q_y = d_{12} F_y a/b$$

式中，d_{12}为 y 轴方向受力的压电系数，$d_{12} = -d_{11}$；a、b 分别为晶体切片长度和厚度。

① 当石英晶体未受外力作用时，正、负离子正好分布在正六边形的顶角上，形成三个互成 120°夹角的电偶极矩 P_1、P_2、P_3，$P_1 + P_2 + P_3 = 0$，所以晶体表面不产生电荷，即呈中性。

② 当石英晶体受到沿 x 轴方向的压力作用时，晶体沿 x 方向将产生压缩变形，正负电荷重心不再重合，在 x 轴的正方向出现正电荷，电偶极矩在 y 方向上的分量仍为零，不出现电荷。

③ 当晶体受到沿 y 轴方向的压力作用时，在 x 轴上出现电荷，它的极性为 x 轴正向为负电荷。在 y 轴方向上不出现电荷。

④ 如果沿 z 轴方向施加作用力，因为晶体在 x 方向和 y 方向所产生的形变完全相同，所以正负电荷重心保持重合，电偶极矩矢量和等于零。这表明沿 z 轴方向施加作用力，晶体不会产生压电效应。

如果从石英晶体中切下一个平行六面体并使其晶面分别平行于 z、y、x 轴线。通常把沿电轴（x 轴）方向的作用力产生的压电效应称为“纵向压电效应”，把沿机械轴（y 轴）方向的作用力产生的压电效应称为“横向压电效应”，沿光轴（z 轴）方向的作用力不产生压电效应。沿相对两棱加力时，则产生切向效应。压电式传感器主要是利用纵向压电效应。压电效应模型如图 2-23 所示。

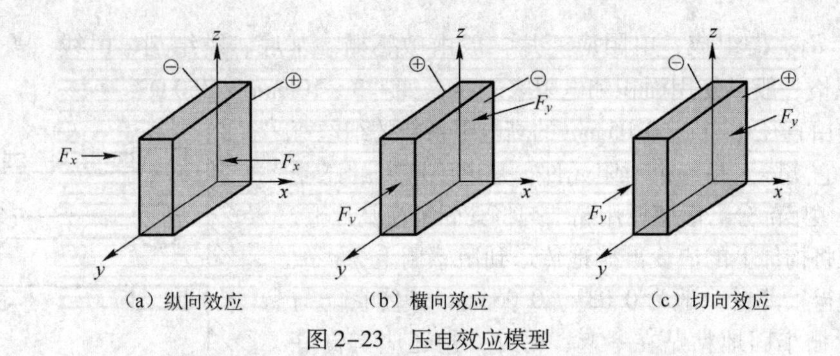

（a）纵向效应　　（b）横向效应　　（c）切向效应

图 2-23　压电效应模型

实验案例　设计简易电子秤

【实验提示】

在日常生活和生产中，电子秤已经得到了广泛的应用，电子秤是通过压力传感器，把被测量物体的质量转换成电信号输出，通过放大器放大后，由二次仪表直接显示出来。

【实验目标】

通过本实验使学生掌握常用力传感器检测力与压力量的方法，锻炼学生的自主学习能力与独立工作能力，培养学生团队协作与规范操作的职业素养。

【实验设计】

一、实验设计要求

① 研究、测量应变式传感器的压力特性，计算其灵敏度。

② 根据应变式传感器的压力特性设计、制作一个电子秤，该电子秤应达到如下的技术指标：

量程：0 ～ 199.9 g；

精度：在量程范围内，额定误差小于最大量程的 0.5%；

灵敏度：0.1 g；

显示：电压输出 0 ～ 199.9 mV。

要求确定整体设计方案，说明测量的原理，给出各组成部分的性能测试数据，证明能达到以上技术指标，写出设计研究总结报告。

二、实验原理和方法提示

1. 压力传感器

应变式压力传感器的结构如图 2-24 所示，主要由双孔平衡梁和粘贴在梁上的电阻应变

片 R_1、R_2、R_3、R_4 组成，电阻应变片一般由敏感栅、基底、黏结剂、引线、盖片等组成。应变片的规格一般以使用面积和电阻来表示，如“$3\times10\ mm^2$，$350\ \Omega$”。

敏感栅由直径 0.01 ～ 0.05 mm 的高电阻系数的细丝弯曲成栅状，它实际上是一个电阻元件，是电阻应变片感受构件应变的敏感部分。敏感栅用黏结剂将其固定在基片上，基底应保证将构件上的应变准确地传送到敏感栅上去，故基底必须做得很薄（一般为 0.03 ～ 0.06 mm），使它能与试件及敏感栅牢固地粘贴在一起；另外，它还应有良好的绝缘性、抗潮性和耐热性。基底材料有纸、胶膜和玻璃纤维布等，引出线的作用是将敏感栅电阻元件与测量电路相连接，一般由 0.1 ～ 0.2 mm 低电阻镀锡铜丝制成，并与敏感栅两端输出端相焊接，盖片起保护作用。

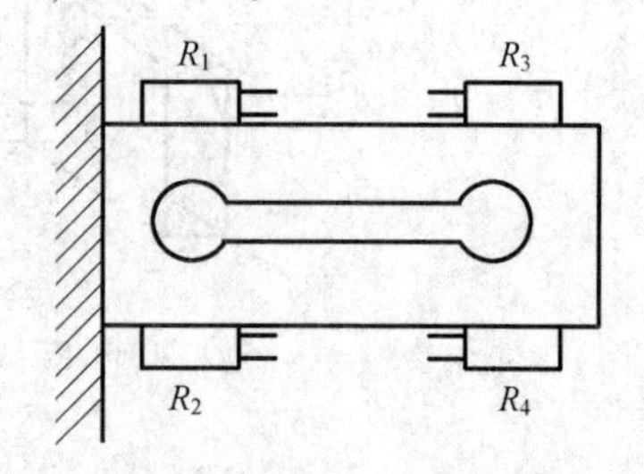

图 2-24　应变式压力传感器的结构

在测试时，将应变片用黏结剂牢固地粘贴在被测试件的表面上，随着试件受力变形，应变片的敏感栅也获得同样的形变，从而使电阻随之发生变化．通过测量电阻的变化可反映出外力作用的大小。

压力传感器是将四个电阻片分别粘贴在弹性平行梁的上下两表面适当的位置，梁的一端固定，另一端自由用于加载荷外力 F。弹性梁受载荷作用而弯曲，梁的上表面受拉，电阻片 R_1 和 R_3 亦受拉伸作用电阻增大；梁的下表面受压，R_2 和 R_4 电阻减小，这样，外力的作用通过梁的形变而使四个电阻片的电阻发生变化，这就是压力传感器。应变片 $R_1=R_2=R_3=R_4$。

2. 压力传感器的压力特性

应变片可以把应变的变化转换为电阻的变化，为了显示和记录应变的大小，还需把电阻的变化再转化为电压或电流的变化，最常用的测量电路为电桥电路。由应变片组成的全桥测量电路如图 2-25 所示，当应变片受到压力作用时，引起弹性体的变形，使得粘贴在弹性体上的电阻应变片 R_1～R_4 的电阻发生变化，电桥将产生输出电压，输出电压正比于所受到的压力。

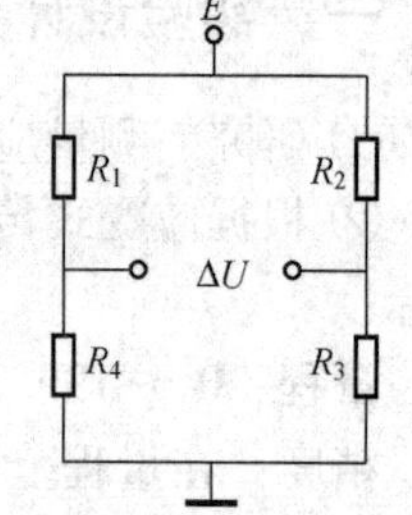

图 2-25　全桥测量电路

3. 传感器工作电压 E 与电桥输出电压 ΔU 的关系

改变传感器工作电压 E，其输出电压 ΔU 正比于工作电压 E。

4. 电子秤的设计

由于应变式压力传感器输出的电压仅为毫伏量级，如果后级采用数字电压表作为显示仪表，则应把荷重传感器输出的毫伏信号放大到相应的电压信号输出。电子称的组成框图如图 2-26 所示。

力信号 → 荷重传感器 → 电信号 → 信号放大 → 电信号 → 显示屏

图 2-26　电子秤的组成框图

三、实验设计内容

1. 总体方案设计

要设计一台电子秤，首先要根据对测量所提出的精度和灵敏度的要求，对各组成部分的主要性能参数提出合理的要求，这一步属于总体方案设计阶段。在总体设计中，首先要分析这套测试装置中哪一部分是主要的关键部分，它的性能参数将对其他部分起关键的决定性的作用。就本课题而言，应变式压力传感器是关键部分，它的特性指标将对放大电路及显示仪表的选择起决定性的作用，因此，首先要研究和测量荷重传感器的特性指标，在实际问题中，哪一部分是关键并不是唯一的和一成不变的，需要根据所要解决的实际问题的具体要求和条件而定。

总体设计中，在决定荷重传感器的特性参数后，再定出其他部分的设计参数和指标。

2. 压力传感器的参数测试和性能研究

用某种方法测量该传感器内部各桥臂的电阻，要求不打开传感器，用电学测量方法就能知道各桥臂应变片的电阻及连接方法，这是第一个设计内容，实验中提供万用表、数字电压表（电缆插头的1、3引脚为电源，2、4引脚为输出）。

测定荷重传感器的其他性能：

① 压力传感器灵敏度及线性。即在某一定的供桥电压下，单位荷载变化所引起的输出电压变化，用Sp表示，其中

$$Sp = \Delta V_0 / \Delta P$$

实验中，不但要求出Sp值，还要求利用两个变量的统计计算法求输出电压V_0和荷重P之间的相关系数，即线性度。

② 压力传感器电压灵敏度。即在额定荷载下，供桥电压变化所引起的输出变化，用Sv表示，则

$$Sv = \Delta V_0 / \Delta V_{桥}$$

同样，也要研究其线性，求其相关系数。实验仪器有数字电压表、稳压电源、砝码若干。

3. 决定其他部分的设计参数

根据压力传感器的量程和电子秤的称重范围，在充分利用传感器量程的前提下，设计计算放大器的放大倍数和传感器的工作电压。

设计放大电路，并进行调试和安装测定，可在指导老师的指导下熟悉有关的放大线路，并进行线路的测定和调试。由于荷重传感器输出的信号是很小的，一般为毫伏的量级，根据设计的要求，要在0～100.0 g的称量范围内，直接以电压值显示，所以需要放大系统将该信号进行放大再输入显示系统显示物体的重量。本设计中采用运算放大器实现，运算放大电路除可自行安装调试外，也可直接采用实验室提供的放大倍数可调的实验模板。

4. 整机测定和调试

把传感器、放大器和显示装置（采用适当量程和精度的数字电压表）连成一体，进行模拟测试，求物体重量变化与输出电压示值的关系，验证各项指标是否达到要求。

5. 总结

写出研究测试报告。

四、实验步骤

1. 压力传感器的压力特性的测量

① 将100 g传感器输出电缆线接入实验仪电缆插座Ⅰ，测量选择置于内测20 mV（或200 mV），接通电源，调节工作电压为2 V，按顺序增加砝码的数量（每次增加10 g）至100 g，分别测传感器的输出电压。

② 按顺序减去砝码的数量（每次减去10 g）至0 g，分别测传感器的输出电压。

③ 用逐差法处理数据，求灵敏度 Sp。

2. 压力传感器的电压特性的测量

保持传感器的压力不变（如50 g），改变工作电压分别为3 V、4 V、5 V、6 V、7 V、8 V、9 V，测量传感器工作电压 E 与电桥输出电压 ΔU 的关系，做 $E-\Delta U$ 关系曲线，求灵敏度 Sv。

3. 应变式压力传感器实验模板

如图2-27所示，$R_1 \sim R_4$ 为应变式压力传感器的四个应变电阻元件，由 $R_1 \sim R_4$ 等电阻元件组成的信号电压为 V_{o1}，R_{w1} 为零点调节电位器，R_{w2} 为运算放大器的零点漂移调节电位器，由 $R_7 \sim R_{13}$、IC_1 等组成的运算放大器放大倍数由电位器 R_{w3} 调节，输出的电压为 V_{02}。

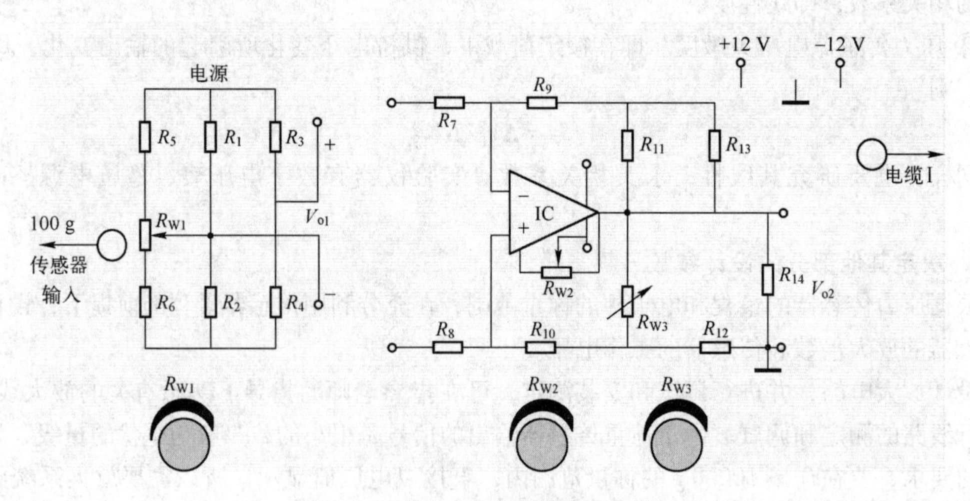

图2-27 应变式压力传感器实验模板

4. 使用、调试方法

① 用电缆线连接实验仪电缆Ⅰ插座和实验模板，并将100 g传感器电缆线接入实验模板，用导线短路放大器输入端、放大器的输出端与实验仪测量输入相连，实验仪测量选择置200 mV外测挡，打开实验仪电源开关，调节放大器调零旋钮使放大器输出电压为0.0 mV，去掉短路线，用连接线将放大器的输入端与非平衡电桥的输出端相连，放大器的输出端与实验仪测量输入相连，实验仪测量选择置200 mV外测挡。

② 在压力传感器秤盘上没有任何重物时，测量放大器的输出电压，调节零点调节R_{w1}旋钮使放大器的输出电压为0.0 mV。

③ 将100 g标准砝码置于压力传感器秤盘上，测量放大器的输出电压，调节放大倍数调节R_{w3}旋钮使放大器的输出电压为100.0 mV（0.1 mV相当于0.1 g）。

④ 改变压力传感器秤盘上的标准砝码，检验放大器的输出电压与标准砝码的标称值是否对应。

⑤ 重复②、③步操作，使误差最小。

⑥ 评估你设计制作的电子秤。

学习情境3　位移量的检测

本学习情境以位移量为目标描述了对能进行位移量检测的传感器进行学习、使用和设计。

位移传感器又称线性传感器，生产过程中，位移的测量一般分为测量实物尺寸和机械位移两种。按被测变量变换的形式不同，位移传感器可分为模拟式和数字式两种。模拟式又可分为物性型和结构型两种。常用位移传感器以模拟式结构型居多，包括电位器式位移传感器、电感式位移传感器、自整角机、电容式位移传感器、电涡流式位移传感器、霍尔式位移传感器等。数字式位移传感器的一个重要优点是便于将信号直接送入计算机系统。这种传感器发展迅速，应用日益广泛。

位移的测量方式所涉及的范围相当广泛。小位移常用应变式、电感式、差动变压器式、涡流式、霍尔传感器来测量；大的位移常用感应同步器、光栅、容栅、磁栅等传感技术来测量。其中光栅传感器因具有易实现数字化、精度高（目前分辨率最高的可达到纳米级）、抗干扰能力强、没有人为读数误差、安装方便、使用可靠等优点，在机床加工、检测仪表等行业中得到日益广泛的应用。

典型工作任务：

了解电容式、电感式、电涡流式传感器的原理、类型、应用。

工作能力：

① 培养学生选择、使用位移传感器的能力。

② 培养学生分析、调试位移传感器的能力。

③ 培养学生对电气控制设备进行改造、开发和创新的能力。

④ 培养学生勇于创新、敬业乐业的工作作风。

工作技能：

① 掌握位移量检测传感器的结构和工作原理。

② 掌握位移量检测传感器的安装方法。

③ 掌握位移量检测传感器运行原理。

工作任务3.1 电容式传感器

【任务提示】

① 电容式传感器是将被测非电学量的变化转换成电容量的变化，通过测量电容推算出被测非电学量的传感器。它的敏感部分就是具有可变参数的电容器。

② 电容式传感器可用来测量直线位移、角位移、振动振幅（测量至0.05 μm左右的微小振幅），尤其适合测量高频振动振幅、精密轴系回转精度、加速度等机械量；还可用来测量压力、差压力、液位、料面、粮食中的水分含量；也可测量非金属材料的涂层、油膜厚度、电介质的湿度、密度、厚度等。在自动检测和控制系统中也常常用来作为位置信号发生器。

③ 电容式传感器所测数据经测量电路可靠测量和传送。

【任务目标】

① 掌握电容式传感器的结构和工作原理。

② 掌握电容式传感器的安装方法。

③ 掌握电容式传感器的使用和测量。

【知识技能】

一、电容式传感器的工作原理

电容式传感器的核心部分就是具有可变参数的电容器。其最常用的形式是由两个平行电极组成、极间以空气等为介质的电容器。若忽略边缘效应，平板电容器的电容 $C=\varepsilon S/d$，式中：ε 为极间介质的介电常数，S 为两电极互相覆盖的有效面积，d 为两电极之间的距离。S、d、ε 三个参数中任一个的变化都将引起电容量变化，如果保持其中两个不变，而仅仅改变另一个参数，就可以把该参数的变化转换为电容量的变化，通过测量电路就可以转化为电量输出。因此电容式传感器可分为变面积型传感器、变极距型传感器和变介质型传感器。极距变化型一般用来测量微小的线位移或由于力、压力、振动等引起的极距变化。面积变化型一般用于测量角位移或较大的线位移。介质变化型常用于物位测量和各种介质的温度、密度、湿度的测定。

1. 极距变化型电容式传感器的变换原理

下面，以最简单的平板电容器为例说明其工作原理。平板电容器如图3-1所示。在忽

略边缘效应的情况下，平板电容器的电容为

$$C=\frac{\varepsilon S}{d}=\frac{\varepsilon_r\varepsilon_0 S}{d} \tag{3-1}$$

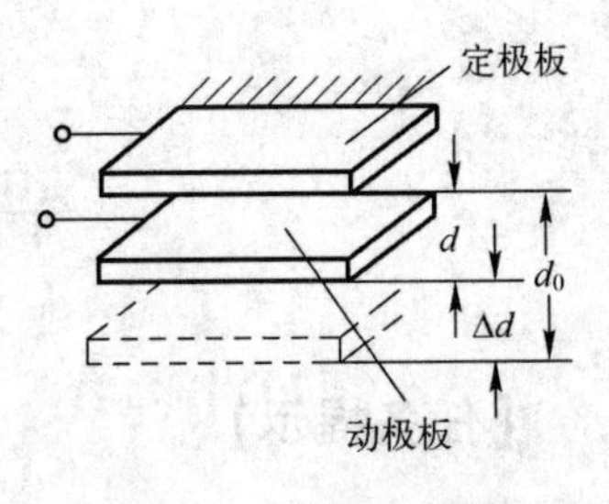

图 3-1 平板电容器

式中，ε_0为真空的介电常数，（$\varepsilon_0=8.854\times10^{-12}$ F/m）；S 为极板的遮盖面积（m^2）；ε_r 为极板间介质的相对介电常数，在空气中，$\varepsilon=1$；d 为两平行极板间的距离（m）。

式（3-1）表明，当被测量 d、S 或 ε 发生变化时，都会引起电容的变化。如果保持其中的两个参数不变，而仅改变另一个参数，就可把该参数的变化变换为单一电容量的变化，再通过配套的测量电路，将电容量的变化转换为电信号输出。根据电容器参数变化的特性，电容式传感器可分为极距变化型、面积变化型和介质变化型三种，其中极距变化型和面积变化型应用较广。

2. 极距变化型电容式传感器

设两个相同极板的长为 b，宽为 a，极板间距离为 d，当动极板移动 x 后，电容 C_x 也随之改变，其中

$$C_x=\frac{\varepsilon(a-\Delta x)b}{d}=\frac{\varepsilon ab}{d}-\frac{\varepsilon\Delta xb}{d}=C_0-\Delta C \tag{3-2}$$

电容的相对变化量和灵敏度 K 分别为

$$\frac{\Delta C}{C_0}=\frac{\Delta x}{a} \qquad K=\frac{\Delta C}{\Delta x}=-\frac{\varepsilon b}{d}$$

从上述可看出，灵敏度 K 与极距成反比，极距愈小，灵敏度愈高。一般通过减小初始极距来提高灵敏度。由于电容 C 与极距 d 呈非线性关系，将引起非线性误差。为了减小这一误差，通常规定测量范围 $\Delta d \ll d_0$。一般取极距变化范围为 $\Delta d \ll d_0 \approx 0.1$，此时，传感器的灵敏度近似为常数。实际应用中，为了提高传感器的灵敏度、增大线性工作范围和克服外界条件（如电源电压、环境温度等）的变化对测量精度的影响，常常采用差动型电容式传感器。差动型电容式传感器的结构形式如图 3-2 所示。

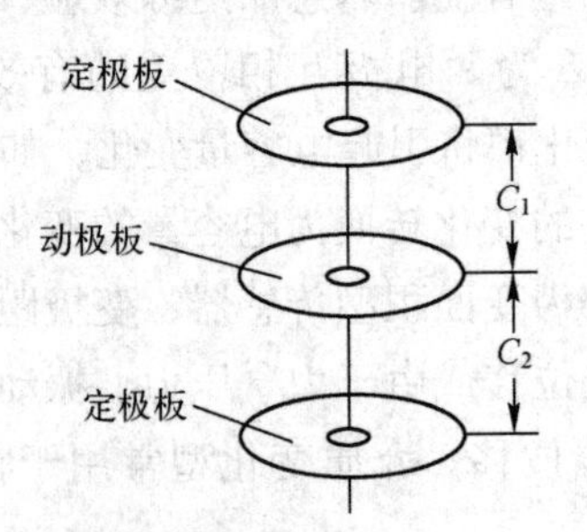

图 3-2 差动型电容式传感器的结构形式

3. 面积变化型电容式传感器的变换原理

改变极板间覆盖面积的电容式传感器，常用的有角位移型和线位移型两种。

图3-3所示为典型的角位移型电容式传感器。当动板有一转角时，与定板之间相互覆盖的面积就发生变化，因而导致电容发生变化。当覆盖面积对应的中心角为a、极板半径为r时，覆盖面积为

$$S=\frac{\alpha r^2}{2} \tag{3-3}$$

电容为

$$C=\frac{\varepsilon_r\varepsilon_0\alpha r^2}{2\delta} \tag{3-4}$$

灵敏度为

$$K=\frac{\mathrm{d}C}{\mathrm{d}a}=\frac{\varepsilon_r\varepsilon_0 r^2}{2\delta}=\text{常数}$$

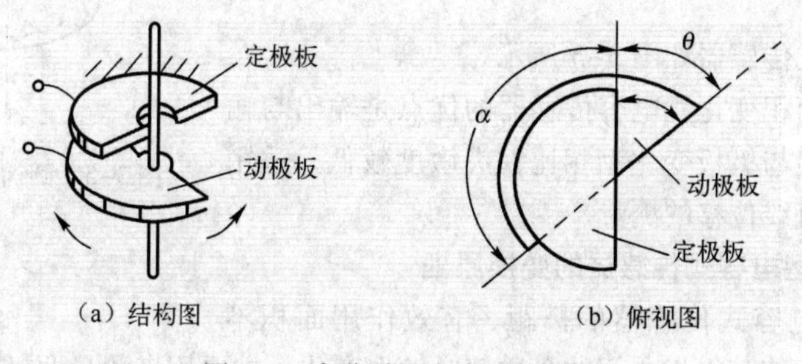

（a）结构图　（b）俯视图

图3-3　角位移型电容式传感器

线位移型电容式传感器有平面线位移型和圆柱线位移型两种，如图3-4所示。

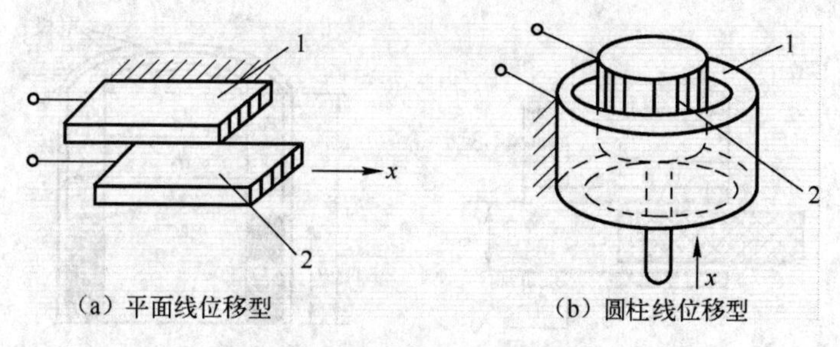

（a）平面线位移型　（b）圆柱线位移型

图3-4　线位移型电容式传感器

1—定极板；2—动极板

对于平面线位移型电容式传感器，当宽度为b的动极板沿箭头x方向移动时，覆盖面积变化，电容也随之发生变化，电容为

$$C=\frac{\varepsilon_r\varepsilon_0 bx}{\delta} \tag{3-5}$$

灵敏度为

$$K=\frac{\mathrm{d}C}{\mathrm{d}x}=\frac{\varepsilon_r\varepsilon_0 b}{\delta}=\text{常数} \tag{3-6}$$

对于圆柱线位移型电容式传感器的电容为

$$C=\frac{2\pi\varepsilon x}{\ln(r_2/r_1)} \tag{3-7}$$

式中，$x=L-\Delta x$，为外圆筒与内圆筒覆盖部分长度（m）；r_1、r_2分别为外圆筒内半径与内圆筒（或内圆柱）外半径，即它们的工作半径（m）。

当覆盖长度 x 变化时，电容发生变化，其灵敏度为 $K=\frac{\mathrm{d}C}{\mathrm{d}x}=\frac{2\pi\varepsilon_r\varepsilon_0}{\ln(r_2/r_2)}$ = 常数。

圆筒形电容式传感器如图 3-5 所示。

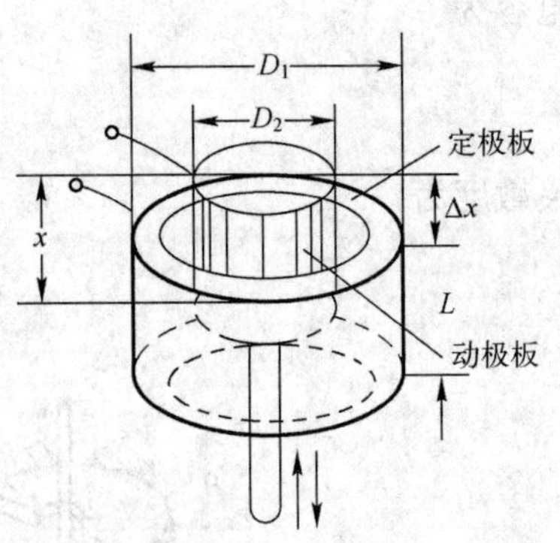

图 3-5 圆筒形电容式传感器

上述可知，面积变化型电容传感器的优点是输出与输入呈线性关系，但与极板变化型相比，灵敏度较低，适用于较大角位移及直线位移的测量。

4. 介质变化型电容式传感器的变换原理

介质变化型电容式传感器的极距、有效作用面积不变，被测量的变化使其极板之间的介质情况发生变化。主要用来测量两极板之间介质的某些参数的变化，如介质厚度、介质湿度、液位等，图 3-6 所示为两种变介电常数型电容式传感器。

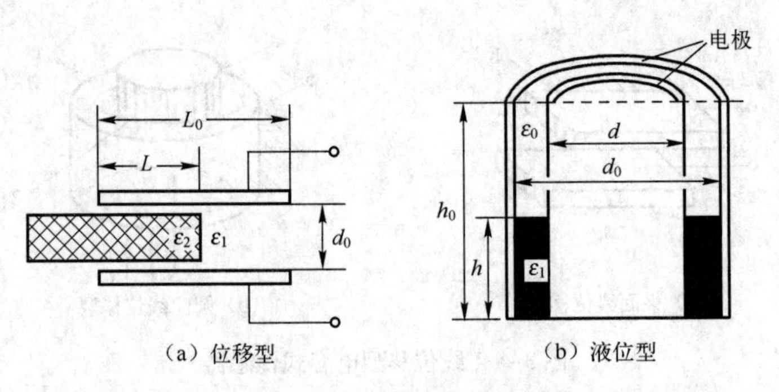

图 3-6 两种变介电常数型电容式传感器

传感器的灵敏度为常数，电容 C 理论上与液面 h 呈线性关系，只要测出传感器电容 C 的大小，就可得到液位 h。不同电介质的介电常数如表 3-1 所示。

表 3-1 不同电介质的介电常数

气体			液体		
名称	温度/℃	相对介电常数 ε_r	名称	温度/℃	相对介电常数 ε_r
水蒸气	—	1.00785	—	—	—
气态溴	140～150	1.0128	固体氨固体醋酸	—	4.01～4.1
氦	180	1.000074	石蜡	—	2.0～2.1
氢	0	1.00026	聚苯乙烯	—	2.4～2.6
氧	0	1.00051	无线电瓷	—	6～6.5
氮	0	1.00058	超高频瓷	—	7～8.5
氩	0	1.00056	二氧化钡	—	106
气态汞	0	1.00074	橡胶	—	2～3
空气	400	1.000585	硬橡胶	—	4.3
硫化氢	0	1.004	纸	—	2.5
真空	0	1	干砂	—	2.5
乙醚	20	4.335	15%水湿砂（金刚石）	—	约2～8
液态二氧化碳	0	1.585	木头	-902	2.8
甲醇	20	33.7	琥珀	-5	2.8
乙醇	0	25.7	冰	20	3～4
水	20	81.5	虫胶	16	3.3
液态氨	20	16.2	赛璐珞	—	4～11
液态氦	16.3	1.058	玻璃	—	4.1
液态氢	14	1.22	黄磷	—	4.2
液态氧	-270.8	1.465	硫	—	5.5～16.5
液态氮	-253	2.28	碳	—	6～8
液态氯	-182	1.9	云母	—	7～9
煤油	-185	2～4	花岗石	—	8.3
松节油	0	2.2	大理石	—	6.2
苯	20	2.283	食盐	—	7.5
油漆	20	3.5	氧化铍	—	9
甘油	—	45.8	—	—	—

二、电容式传感器的测量电路

将电容量转换成电学量（电压或电流）的电路称为电容式传感器的转换电路，又称测量电路，它们的种类很多，目前较常采用的有电桥电路、谐振电路、调频电路、运算放大电路等。

1. 电桥电路

将电容式传感器接入交流电桥作为电桥的一个臂（另一个臂为固定电容器）或两个相邻臂，另两个臂可以是电阻器、电容器、电感器，也可以是变压器的两个二次线圈。其中另两个臂是紧耦合电感臂的电桥，具有较高的灵敏度和稳定性，且寄生电容影响极小，大大简化了电桥的屏蔽和接地，适合于高频电源下工作。而变压器式电桥使用元件最少，桥路内阻最小，因此目前较多采用。为了提高灵敏度，减小误差，常采用差动形式，其电路如图 3-7 所示，C_{x1} 和 C_{x2} 表示电容式传感器电桥电路的两个电容器。

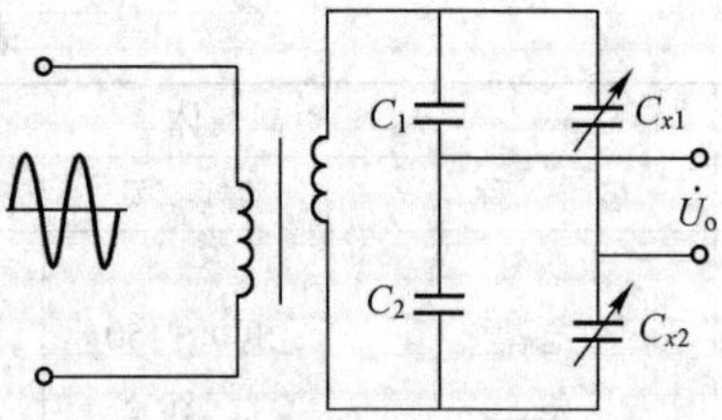

图 3-7　电容式传感器电桥电路

电桥电路的主要特点有：① 高频交流正弦波供电；② 电桥输出调幅波，要求其电源电压波动极小，需采用稳幅、稳频等措施；③ 通常处于不平衡工作状态，所以传感器必须工作在平衡位置附近，否则电桥非线性增大，且在要求准确度高的场合应采用自动平衡电桥；④输出阻抗很高（一般达几兆欧至几十兆欧），输出电压低，必须后接高输入阻抗、高放大倍数的处理电路。

电桥电路结构必须完整，电桥测量电路原理框图如图 3-8 所示。

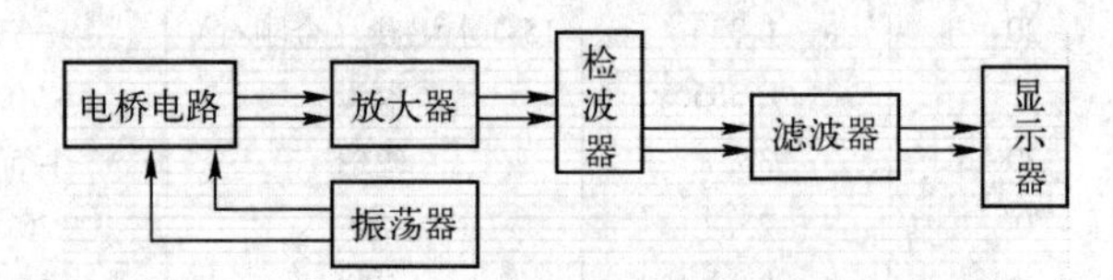

图 3-8　电桥测量电路原理框图

2. 调频电路

传感器的电容器作为振荡器谐振回路的一部分，当输入量使电容发生变化时，振荡器的振荡频率将发生变化，频率的变化经过鉴频器转换为电压的变化，经过放大处理后输入显示或记录等仪器。

虽然可将频率作为测量系统的输出量，用以判断被测非电学量的大小，但此时系统是非线性的，不易校正，因此应加入鉴频器，将频率的变化转换为振幅的变化，经过放大就可以用仪器指示或记录仪记录下来。调频测量电路原理框图如图 3-9 所示。

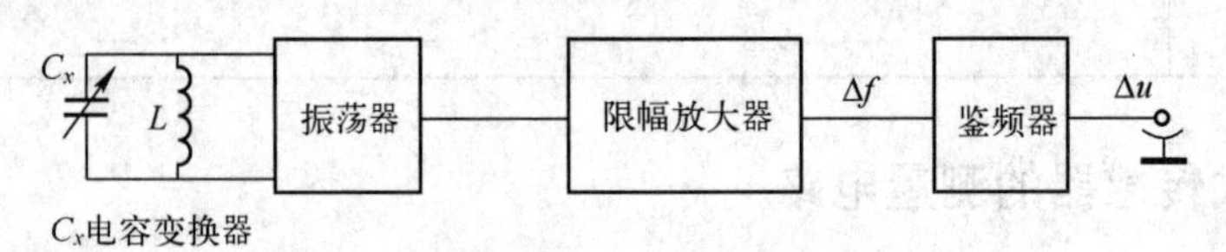

图 3-9　调频测量电路原理框图

图中调频振荡器的振荡频率为

$$f=\frac{1}{2\pi\sqrt{LC}} \tag{3-8}$$

式中，L 为振荡回路的电感；C 为振荡回路的总电容，$C=C_1+C_2+C_0\pm\Delta C$。其中，C_1 为振荡回路固有电容；C_2 为传感器引线分布电容；$C_0\pm\Delta C$ 为传感器的电容。

当被测信号为0时，$\Delta C=0$，则 $C=C_1+C_2+C_0$，所以振荡器有一个固有频率 f_0

$$f_0=\frac{1}{2\pi\sqrt{(C_1+C_2+C_0)L}} \tag{3-9}$$

当被测信号不为0时，$\Delta C\neq 0$，振荡器频率有相应变化，此时频率为

$$f=\frac{1}{2\pi\sqrt{(C_1+C_2+C_0\pm\Delta C)L}}=f_0\pm\Delta f \tag{3-10}$$

调频电容传感器测量电路具有较高灵敏度，可以测至0.01 μm级位移变化量。频率输出易于用数字仪器测量和与计算机通信，抗干扰能力强，可以发送、接收以实现遥测遥控。

3. 运算放大器电路

运算放大器的放大倍数 K 非常大，而且输入阻抗 Z_i 很高。运算放大器的这一特点可以使其作为电容式传感器的比较理想的测量电路。图3-10是运算放大器电路原理图。

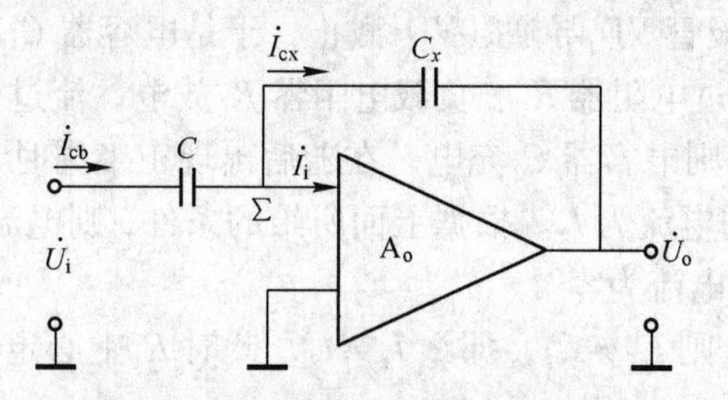

图3-10 运算放大器电路原理图

C_x 为电容式传感器电容，$\dot{U}_i$ 是电流电源电压，$\dot{U}_o$ 是输出信号电压，∑是虚地点。由运算放大器工作原理可得

$$\dot{U}_o=-\frac{C}{C_x}\dot{U}_i \tag{3-11}$$

如果传感器是一只平板电容器，则 $C_x=\varepsilon A/d$，代入式（3-11），有

$$\dot{U}_o=-\dot{U}_i\frac{C}{\varepsilon A}d \tag{3-12}$$

式（3-12）中“-”号表示输出电压的相位与输入电压反相，该式说明运算放大器的输出电压与极板间距离 d 呈线性关系。运算放大器电路解决了单个变极板间距离式电容式传感器的非线性问题，但要求 Z_i 及 K 足够大。为保证仪器准确度，还要求电源电压的幅值和固定电容器 C 的电容稳定。

4. 二极管双T形交流电桥

图3-11所示是二极管双T形交流电桥电路原理图。e 是高频电源，它提供幅值为 U_i 的对称方波，VD_1、VD_2 为特性完全相同的两个二极管，$R_1=R_2=R$，C_1、C_2 为传感器的两个差动电容器。当传感器没有输入时，$C_1=C_2$。

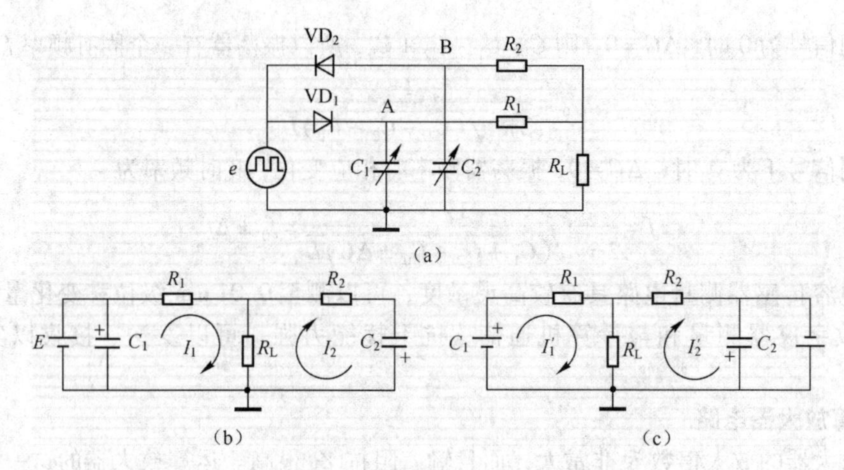

图 3-11 二极管双 T 形交流电桥

当 e 为正半周时，二极管 VD_1 导通、VD_2 截止，于是电容器 C_1 充电；在随后负半周出现时，电容器 C_1 上的电荷通过电阻器 R_1、负载电阻器 R_L 放电，流过 R_L 的电流为 I_1。在负半周内，VD_2 导通、VD_1 截止，则电容器 C_2 充电；在随后出现正半周时，C_2 通过电阻器 R_2、负载电阻器 R_L 放电，流过 R_L 的电流为 I_2。根据上面所给的条件，则电流 $I_1=I_2$，且方向相反，在一个周期内流过 R_L 的平均电流为零。

若传感器输入不为 0，则 $C_1 \neq C_2$，那么 $I_1 \neq I_2$，此时 R_L 上必定有信号输出，其输出在一个周期内的平均值为

$$U_o = I_L R_L = \frac{1}{T}\left\{\int_0^T [I_1(t) - I_2(t)]\,dt\right\} \cdot R_L \approx \frac{R(R+2R_L)}{(R+R_L)^2} R_L U_i f(C_1 - C_2) \tag{3-13}$$

式中：f 为电源频率。

当 R_L 已知，式（3-14）中 $\frac{R(R+2R_L)}{(R+R_L)^2}R_L = M$（常数），则

$$U_o = U_i f M(C_1 - C_2) \tag{3-14}$$

从式（3-14）可知，输出电压 U_o 不仅与电源电压的幅值和频率有关，而且与 T 形网络中的电容 C_1 和 C_2 的差值有关。当电源电压确定后，输出电压 U_0 是电容 C_1 和 C_2 的函数。该电路输出电压较高，当电源频率为 1.3 MHz，电源电压 $U_i = 46$ V 时，电容从 −7 ～ +7 pF 变化，可以在 1 MΩ 负载上得到 −5 ～ +5 V 的直流输出电压。电路的灵敏度与电源幅值和频率有关，故输入电源要求稳定。当 U_i 幅值较高，使二极管 VD_1、VD_2 工作在线性区域时，测量的非线性误差很小。电路的输出阻抗与电容 C_1 和 C_2 无关，而仅与 R_1、R_2、R_L 有关，其值为 1 ～ 100 kΩ。输出信号的上升沿时间取决于负载电阻。对于 1 kΩ 的负载电阻上升时间为 20 μs 左右，因而可以用来测量高速的机械运动。

5. 脉冲宽度调制电路

脉冲宽度调制电路如图 3-12 所示。图中 C_1 和 C_2 为传感器差动式电容，电阻 $R_1 = R_2$，

A_1、A_2为比较器。当双稳态触发器处于某一状态，$Q=1$，$\overline{Q}=0$，A 点高电位通过 R_1 对 C_1 充电，时间常数为 $\tau_1=R_1C_1$，直至 F 点电位高于参比电位 U_r，比较器 A_1 输出正跳变信号。与此同时，因 $\overline{Q}=0$，电容器 C_2 上已充电流通过 VD_2 迅速放电至零电平。A_1 正跳变信号激励触发器翻转，使 $Q=0$，$\overline{Q}=1$，于是 A 点为低电位，C_1 通过 VD_1 迅速放电，而 B 点高电位，通过 R_2 对 C_2 充电，时间常数为 $\tau_2=R_2C_2$，直至 G 点电位高于参比电位 U_r。比较器 A_2 输出正跳变信号，使触发器发生翻转，重复前述过程。

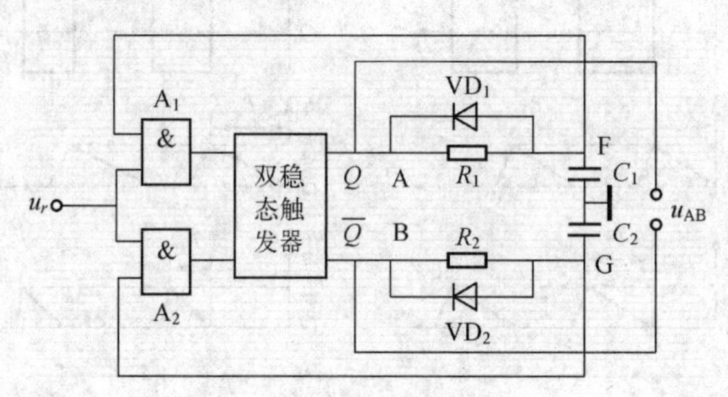

图 3-12　脉冲宽度调制电路

电路各点波形如图 3-13（a）所示，当差动电容器 $C_1=C_2$ 时，其平均电压值为零。当差动电容器 $C_1\neq C_2$，且 $C_1>C_2$ 时，则 $\tau_1=R_1C_1>\tau_2=R_2C_2$。由于充放电时间常数变化，使电路中各点电压波形产生相应改变。

如图 3-13（b）所示，此时 u_A、u_B 脉冲宽度不再相等，一个周期（T_1+T_2）时间内其平均电压值不为零。此 u_{AB} 电压经低通滤波器滤波后，可获得输出。其公式为

$$u_{AB}=u_A-u_B=\frac{U_1(T_1-T_2)}{T_1+T_2} \tag{3-15}$$

式中，U_1 为触发器输出高电平；T_1、T_2 分别为 C_1、C_2 充放电至 U_r 所需时间。

由电路知识可知：

$$T_1=R_1C_1\ln\frac{U_1}{U_1-U_r} \tag{3-16}$$

$$T_2=R_2C_2\ln\frac{U_1}{U_1-U_r} \tag{3-17}$$

将 T_1、T_2 代入式（3-15），得

$$u_{AB}=\frac{C_1-C_2}{C_1+C_2}U_1 \tag{3-18}$$

把平板电容的公式代入式（3-14），在变极板距离的电容传感中可得

$$u_{AB}=\frac{d_2-d_1}{d_1+d_2}U_1 \tag{3-19}$$

式中，d_1、d_2 分别为 C_1、C_2 极板间距离。

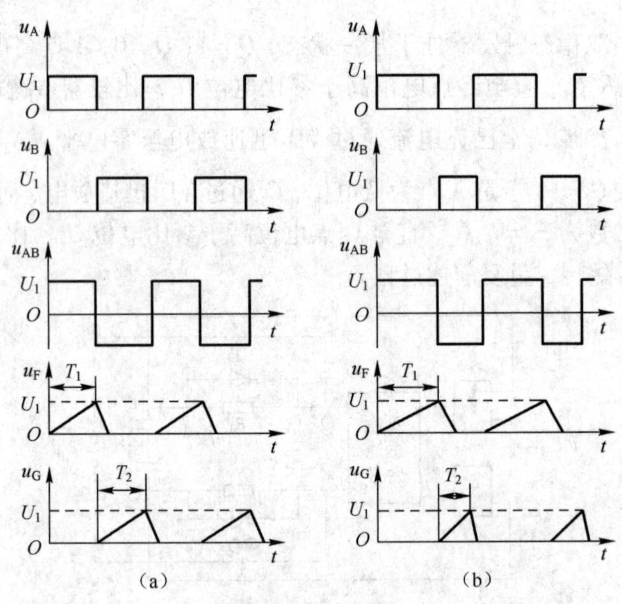

图 3-13 差动脉冲宽度调制电路各点电压波形图

当差动电容 $C_1=C_2=C_0$，即 $d_1=d_2=d_0$时，$u_{AB}=0$；若 $C_1\neq C_2$，设 $C_1>C_2$，即 $d_1=d_0-\Delta d$，$d_2=d_0+\Delta d$，则

$$u_{AB}=\frac{\Delta d}{d}U_1 \tag{3-20}$$

同样，在变极板面积电容传感器中，则有

$$u_{AB}=\frac{\Delta A}{A}U_1 \tag{3-21}$$

由此可见，差动脉宽调制电路能适用于变极板距离和变极板面积式差动式电容传感器，并具有线性特性，且转换效率高，经过低通放大器就有较大的直流输出，且调宽频率的变化对输出没有影响。

三、电容式传感器的误差及制作要求

1. 电容式传感器的误差因素

① 温度的影响。

② 漏电阻的影响。

③ 寄生电容的影响。

2. 电容式传感器的制作要求

① 传感器的电容值要尽量的大些。目的在于降低输出阻抗及对绝缘材料的要求，提高灵敏度。

② 要采用介电常数大的电介质材料。

③ 要选用膨胀系数小的材料做电极，目的在于减小温度附加误差。

④ 要求电源的频率不应过低，一般不应低于 500 Hz。其目的在于减小输出阻抗，提高灵敏度。

⑤ 要求传感器及引线要采用屏蔽措施。目的在于消除寄生电容的影响，提高灵敏度。

四、电容式传感器的特点

1. 结构简单，适应性强

电容式传感器结构简单、易于制造、精度高，故可做得很小，以实现某些特殊的测量，一般用金属做电极，以无机材料做绝缘支承，可工作在高低温、强辐射及强磁场等恶劣环境中，能承受很大的温度变化、高压力、高冲击、过载能力强等；能测超高压和低压力差。

2. 动态响应好

由于电容式传感器极板间静电引力小，需要的作用能量极小，可动部分可以做得小而薄，质量小，因此固有频率高，动态响应时间短，能在几兆赫的频率下工作，适合于动态测量；可以用较高频率供电，因此系统工作频率高，可用于测量高速变化的参数，如振动等。

3. 分辨率高

由于传感器的带电极板间的引力极小，需要输入的能量低，所以特别适合于用来解决输入能量低的问题，如测量极小的压力、力和很小的加速度、位移等，可以做得很灵敏，分辨力非常高，能感受 0. 001 μm 甚至更小的位移。

4. 温度稳定性好

电容式传感器的电容量一般与电极材料无关，有利于选择温度系数低的材料，又由于本身发热极小，因此影响稳定性也极微小。

5. 可实现非接触测量

测回转轴的振动或偏心、小型滚珠轴承的径向间隙等，采用非接触测量时，电容式传感器具有平均效应，可以减小工件表面粗糙度等对测量的影响。

不足之处是输出阻抗高，负载能力差。电容传感器的电容量受其电极几何尺寸等限制，一般为几十皮法到几百皮法，使传感器输出阻抗很高，尤其当采用音频范围内的交流电源时，输出阻抗更高，因此传感器负载能力差，易受外界干扰影响而产生不稳定现象；寄生电容影响大，电容式传感器的初始电容量很小，而传感器的引线电缆电容、测量电路的杂散电容以及传感器极板与其周围导体构成的电容等“寄生电容”却较大，降低了传感器的灵敏度，破坏了稳定性，影响测量精度，因此对电缆的选择、安装、接法都要有要求。

五、电容式传感器的应用

电容式传感器不但应用于位移、振动、角度、加速度及荷重等机械量的精密测量，还广泛应用于压力、差压力、液位、料位、湿度、成分含量等参数的测量。

1. 电容式压力传感器

电容式压力传感器是将由被测压力引起的弹性元件的位移变化转变为电容的变化来实现

测量的，其结构示意图如图 3-14 所示。

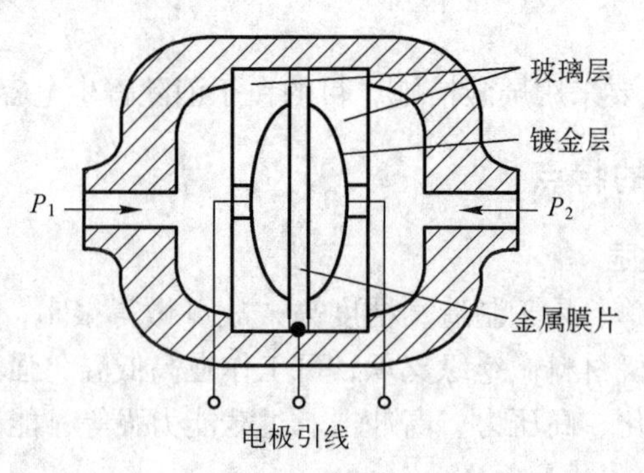

图 3-14 电容式压力传感器结构示意图

2. 电容式加速度传感器

电容式加速度传感器是将被测物的振动转换为电容量变化，其结构示意图如图 3-15 所示。

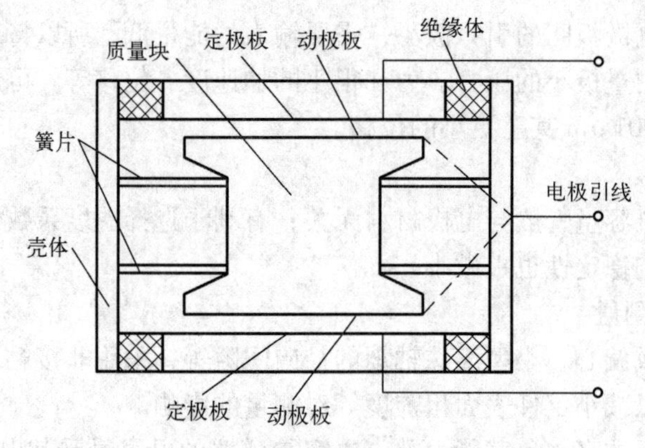

图 3-15 电容式加速度传感器结构示意图

3. 电容式湿度传感器

电容式湿度传感器是通过改变传感器中电介质的介电常数，从而引起电容量的变化来实现测量的，其结构示意图如图 3-16 所示。

4. 电容式荷重传感器

电容式荷重传感器是利用弹性元件的变形，致使电容随外加载荷的变化而变化，其结构示意图如图 3-17 所示。

5. 电容式厚度传感器

① 电容式测厚仪结构示意图如图 3-18 所示。

② 电容式厚度传感器结构示意图如图 3-19 所示。

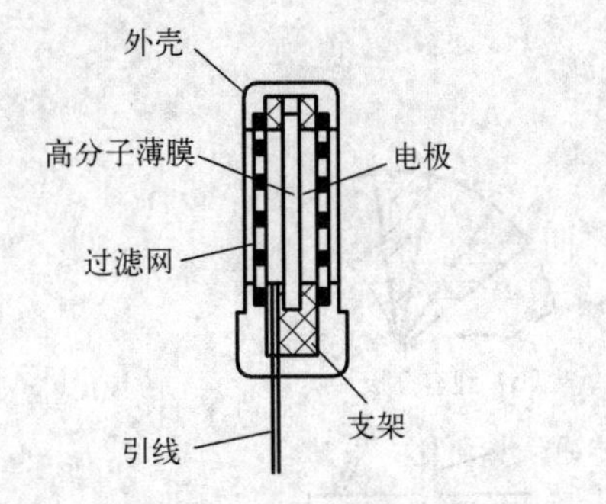

图 3-16　电容式湿度传感器结构示意图

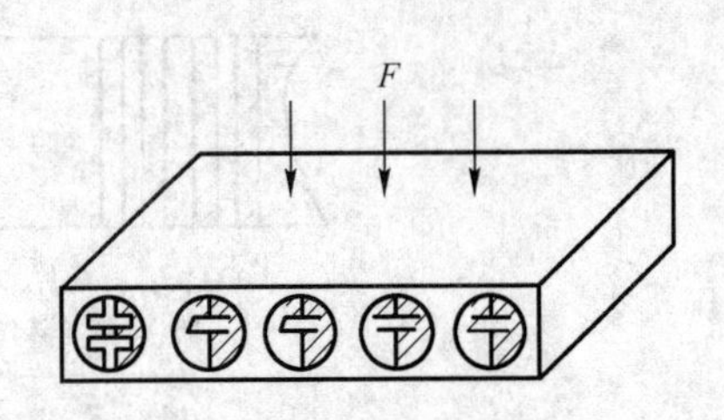

图 3-17　电容式荷重传感器结构示意图

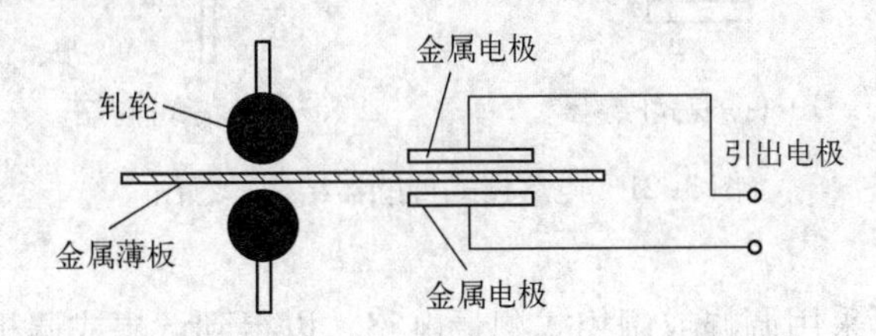

图 3-18　电容式测厚仪结构示意图

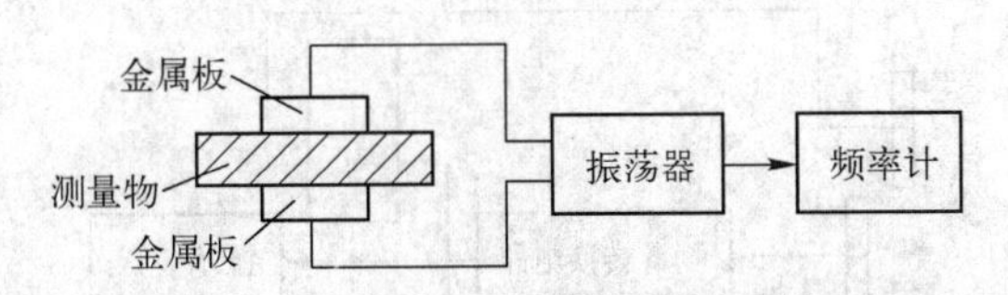

图 3-19　电容式厚度传感器结构示意图

6. 电容式位移传感器

电容式位移传感器就是通过改变电容器极板间的距离引起电容量的变化来实现测量的。通常采用的是一种单极变极距式，其结构示意图如图 3-20 所示。

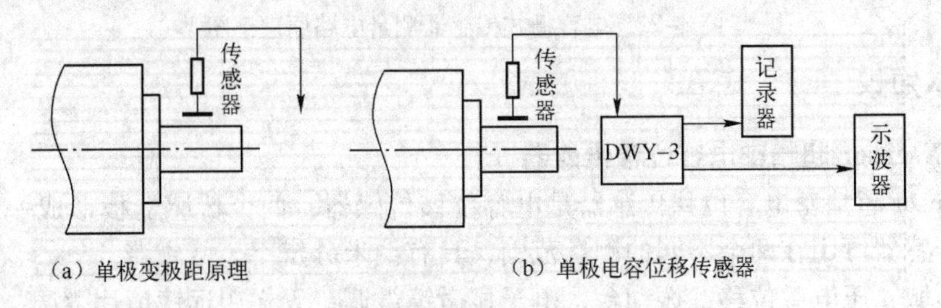

图 3-20　电容式位移传感器结构示意图

六、电容栅式传感器

电容栅式传感器是在电容式传感器基础上发展起来的一种传感器。它除了具有电容式传感器的优点外，还具有其自身的特点，如抗干扰能力强、精度高和量程大等特点。

1. 基本类型及原理

电容栅式传感器结构示意图如图 3-21 所示。

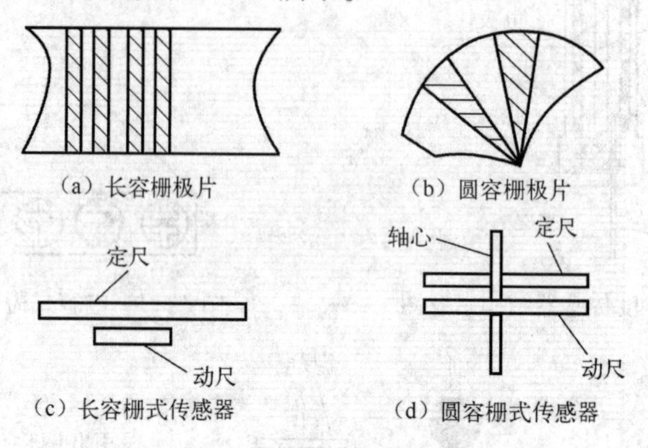

图 3-21　电容栅式传感器结构示意图

2. 测量电路

电容栅式传感器可采用调幅或调相式测量电路，以得到调幅或调相信号。电容栅式传感器测量电路原理框图如图 3-22 所示，图中 A 为动极板 1，B 为动极板 2，P 为定极板。

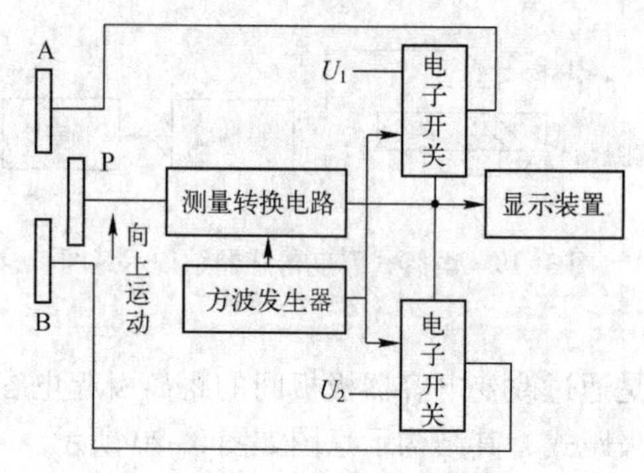

图 3-22　电容栅式传感器测量电路原理框图

七、小知识

1. ZNXsensor 超精密电容位移传感器

ZNXsensor 超精密电容位移传感器是电容位移传感器；两个传感器板形成一个平板电容器，每个传感器可用在两个不同的测量范围，具有纳米分辨率，零磁滞。

应用领域：压电微位移、振动台，电子显微镜微调，天文望远镜镜片微调，精密微位移测量等。

主要特点：量程 20 ～1 250 μm；分辨率 <0. 1 nm；零磁滞；线性最高 0. 02%；频带可调（50 ～5 000 Hz）。

2. M12 电容式接近传感器

M12 电容式接近传感器实物外形图如图 3-23 所示，其无触点检测接近开关可检测塑料、水、非金属物体、玻璃。用无接触的方式来检测任意一个金属物体，也能检测非金属物体，不管被检测物体颜色和表面状态如何、是否透明，都可以可靠检测，有灵敏度可调旋钮，对密闭的非金属容器内的液体、粉体等材料可进行间接检测。几乎可以识别所有类型的材料。

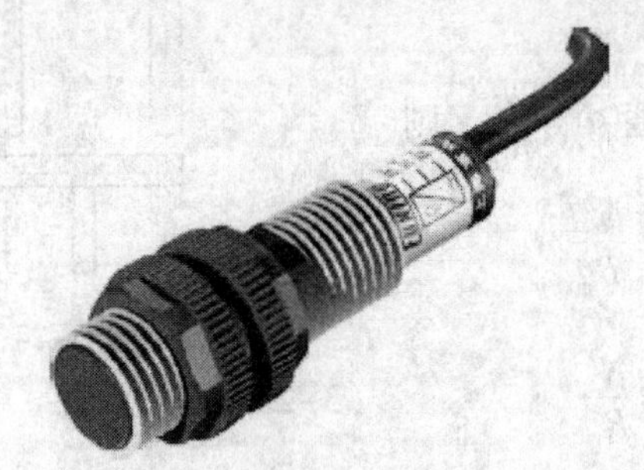

图 3-23　M12 电容式接近传感器实物外形图

工作任务 3.2　电感式传感器

【任务提示】

电感式传感器由三大部分组成：振荡器、开关电路、放大输出电路。振荡器产生一个交变磁场，当金属目标接近这一磁场并达到感应距离时，在金属目标内产生涡流，从而导致振荡衰减，以至停振。振荡器振荡及停振的变化被后级放大电路处理并转换成开关信号，触发驱动控制器件，从而达到非接触式检测目的。

【任务目标】

① 掌握电感式传感器的结构和工作原理。
② 掌握电感式传感器的安装方法。
③ 掌握电感式传感器的使用和测量方法。

【知识技能】

一、电感式传感器的工作原理

1. 可变磁阻式电感传感器

可变磁阻式电感传感器由线圈、铁芯及衔铁组成，其结构原理图如图 3-24 所示。在铁芯和衔铁之间有空气隙 δ。根据电磁感应定律，当线圈中通以电流 i 时，产生磁通 Φ_m，其大小与电流成正比，即

$$L=\frac{N^2}{R_m} \tag{3-22}$$

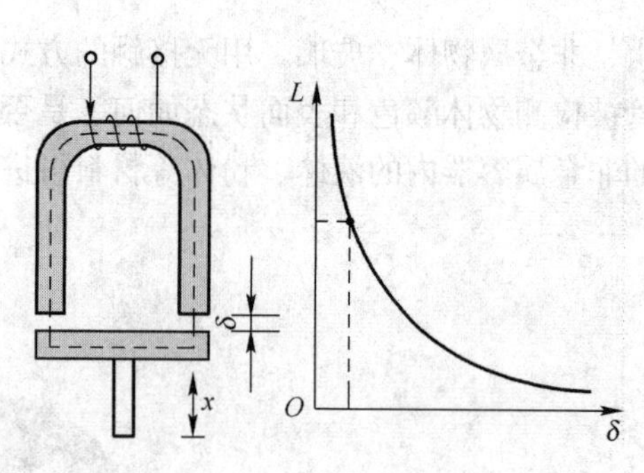

图 3-24 电感式传感器结构原理图

式中，N 为线圈匝数；L 为线圈电感，单位为亨（H）；R_m为磁路总磁阻。

根据磁路欧姆定律，磁通 $\Phi=\frac{NI}{R_m}$，则

$$\Phi_N=N\Phi=\frac{N^2I}{R_m} \tag{3-23}$$

所以

$$L=\frac{d\Phi_N}{dI}=\frac{N^2}{R_m} \tag{3-24}$$

如果空气隙 δ 较小，而且不考虑磁路的铁损时，则磁路总磁阻为

$$R_m=\sum\frac{l_i}{\mu_i S_i}+\frac{2\delta}{\mu_0 S} \tag{3-25}$$

式中，l_i为铁芯的长度（m）；μ_i为铁芯磁导率（H/m）；S_i为铁芯导磁横截面积（m^2）；δ 为空气隙长度（m）；μ_0为空气磁导率，$\mu_0=4\pi\times10^{-7}$（H/m）；S 为空气隙导磁横截面积（m^2）。

将 R_m代入式（3-24）得

$$L=\frac{N^2}{\sum\frac{l_i}{\mu_i S_i}+\frac{2\delta}{\mu_0 S}} \tag{3-26}$$

在铁芯的结构和材料确定之后，式（3-26）分母第一项为常数，此时自感 L 是气隙厚度 δ 和气隙截面积 S 的函数，即 $L=f(\delta,S)$。如果保持 S 不变，则 L 为 δ 的单值函数，可构成变气隙型传感器；如果 δ 保持不变，使 S 随位移而变，就可构成变截面型传感器。

为了分析方便，需要将各种形式线圈的电感 L 用统一的公式表达。为此，引入等效磁导率概念，即将线圈等效成一封闭铁芯线圈，其磁路等效磁导率为 μ_e，磁通截面积为 S，磁路长度为 l，于是式（3-26）变为

$$L=\frac{N^2}{R_m}=\frac{N^2\mu_0\mu_e S}{l} \tag{3-27}$$

（1）变气隙式自感传感器

变气隙式自感传感器的结构原理如图 3-25 所示。

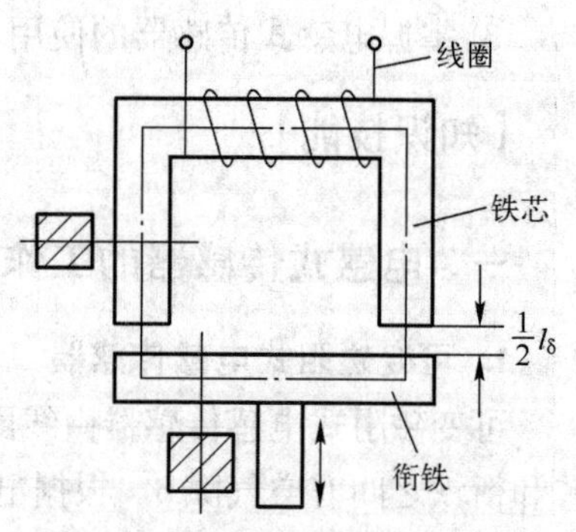

图 3-25 变气隙式自感传感器

由于变气隙式自感传感器的气隙通常较小，可以认为气隙磁场是均匀的，若忽略磁路铁损，则图 3-26 传感器的磁路总磁阻为

$$R_m=\frac{l_1}{\mu_1 S_1}+\frac{l_2}{\mu_2 S_2}+\frac{l_\delta}{\mu_0 S} \tag{3-28}$$

式中，l_1、l_2分别为铁芯和衔铁的磁路长度（m）；S_1、S_2分别为铁芯和衔铁的横截面积（m^2）；μ_1、μ_2分别为铁芯和衔

铁的磁导率（H/m）；S、l_δ分别为气隙磁通截面积（m^2）和气隙总长（m）。

将式（3-28）代入式（3-27），可得

$$L=\frac{N^2}{\frac{l_1}{\mu_1 S_1}+\frac{l_2}{\mu_2 S_2}+\frac{l_\delta}{\mu_0 S}} \tag{3-29}$$

由式（3-29）可知，当铁芯、衔铁的材料和结构、线圈匝数确定后，若保持S不变，则L即为l_δ的单值函数，这就是变气隙式传感器的工作原理。

为了精确分析传感器的特性，利用前述等效磁导率μ_e的概念，可得

$$R_m=\frac{l}{\mu_0\mu_e S} \tag{3-30}$$

同时设$\mu_1=\mu_2=\mu$，$S_1=S_2=S$，则

$$R_m=\frac{1}{\mu_0 S}\left(\frac{l-l_\delta}{\mu_r}+l_\delta\right)=\frac{l+l_\delta(\mu_r-1)}{\mu_0 S\mu_r} \tag{3-31}$$

式中，μ_r为铁芯和衔铁的相对磁导率，$\mu_r=\frac{\mu}{\mu_0}$，通常$\mu_r\gg 1$。

所以带气隙铁芯线圈的电感可为

$$L=\frac{N^2\mu_0\mu_e S}{l}=K\frac{1}{\frac{l}{\mu_r}+l_\delta} \tag{3-32}$$

式中，K为一常数，$K=\mu_0 N^2 S$。

对式（3-32）进行微分可得传感器的灵敏度为

$$K_\delta=\frac{dL}{dl_\delta}=-L\frac{1}{l_\delta+\frac{l}{\mu_r}} \tag{3-33}$$

由式（3-33）可知，变气隙式传感器的输出特性是非线性的，式中负号表示灵敏度随气隙增加而减小，欲增大灵敏度，应减小l_δ，但受到工艺和结构的限制。为保证一定的测量范围与线性度，对变气隙式传感器，常取$\delta=l_\delta/2=0.1\sim0.5$ mm，$\Delta\delta=(1/5\sim1/10)\delta$。

（2）变面积式自感传感器

若传感器的气隙长度l_δ保持不变，令磁通截面积随被测非电量而变（衔铁水平方向移动），即构成变面积式自感传感器，如图3-26所示。此时

$$L=\frac{N^2\mu_0}{\frac{l}{\mu_r}+l_\delta}S=K'S \tag{3-34}$$

式中，K'为一常数，$K'=\frac{N^2\mu_0}{\frac{l}{\mu_r}+l_\delta}$。

对式（3-34）微分，得灵敏度为

$$K_S = \frac{\mathrm{d}L}{\mathrm{d}S} = K' \tag{3-35}$$

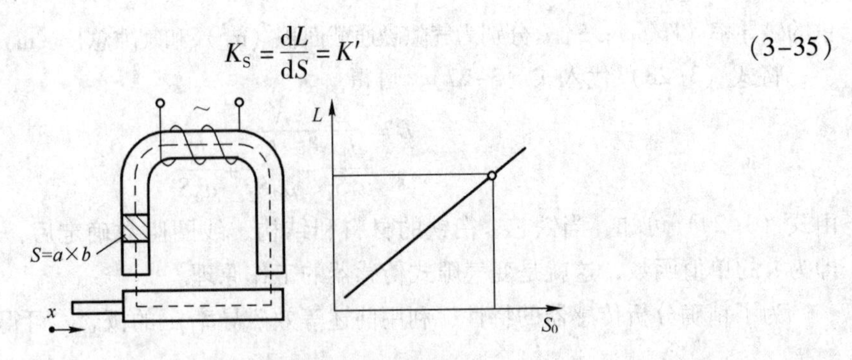

图 3-26 变面积式自感传感器

可见，变面积式传感器在忽略气隙磁通边缘效应的条件下，输出特性呈线性，因此可得到较大的线性范围。与变气隙式相比较，其灵敏度较低。欲提高灵敏度，需减小 l_δ，但同样会受到工艺和结构的限制。l_δ值的选取与变气隙式相同。

（3）螺管式自感传感器

图 3-27 为螺管式自感传感器结构原理图。它由平均半径为 r 的螺管线圈、衔铁和磁性套筒等组成。随着衔铁插入深度的不同将引起线圈泄漏路径中磁阻变化，从而使线圈的电感发生变化。

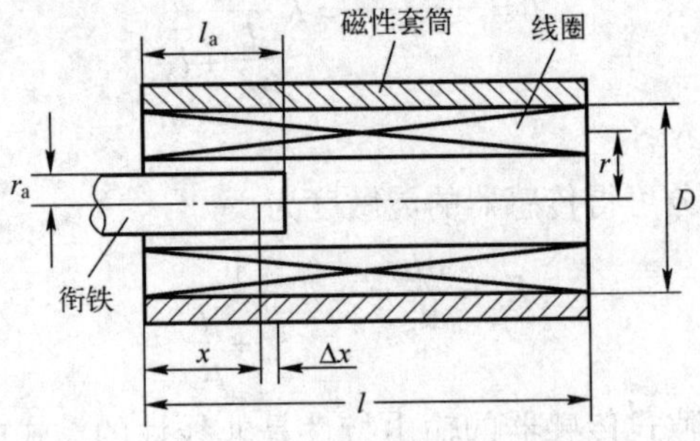

图 3-27 螺管式自感传感器结构原理图

（4）差动式自感传感器

绝大多数自感式传感器都运用与电阻差动式类似的技术来改善性能：由两单一式结构对称组合，构成差动式自感传感器。采用差动式结构，除了可以改善非线性、提高灵敏度外，对电源电压与频率的波动及温度变化等外界影响也有补偿作用，从而提高了传感器的稳定性。图 3-28 所示为差动式自感传感器的输出特性。

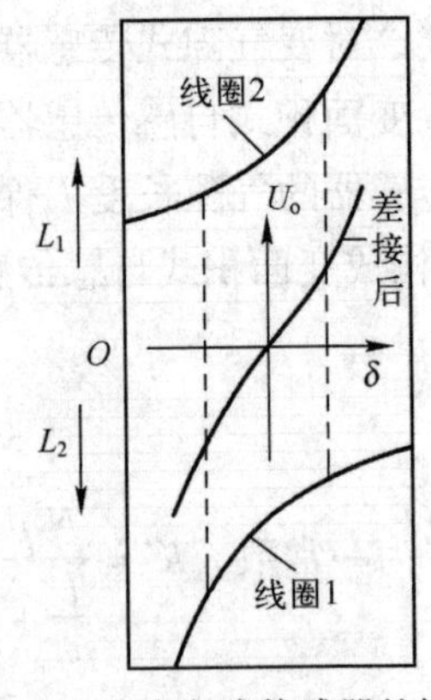

图 3-28 差动式自感传感器的输出特性

几种常用可变磁阻式传感器的典型结构有：可变导磁面积型、差动型、单螺管线圈型、双螺管线圈差动型。变磁阻式双螺管线圈差动型传感器如图 3-29 所示。双螺管线圈差动型传感器较之单螺管线圈型传感器有较高灵敏度及线性，被用于电感测微计上，其测量范围为0～300 μm，最小分辨力为0.5 μm。这种传感器的线圈接于电桥上，构成两个桥臂，线圈电感L_1、L_2随铁芯位移而变化，其输出特性如图3-29（b）所示。

2. 差动变压器式电感传感器

互感型电感传感器是利用互感M的变化来反映被测量的变化。这种传感器实质上是一个输出电压可变的变压器。当变压器初级线圈输入稳定交流电压后，次级线圈便产生感应电压输出，该电压随被测量的变化而变化。

差动变压器式电感传感器是常用的互感型传感器，也有变气隙式、变面积式、螺管式三种类型。以螺管形应用较为普遍，变气隙式灵敏度较高，但测量范围小，一般用于测量几微米到几百微米的位移。

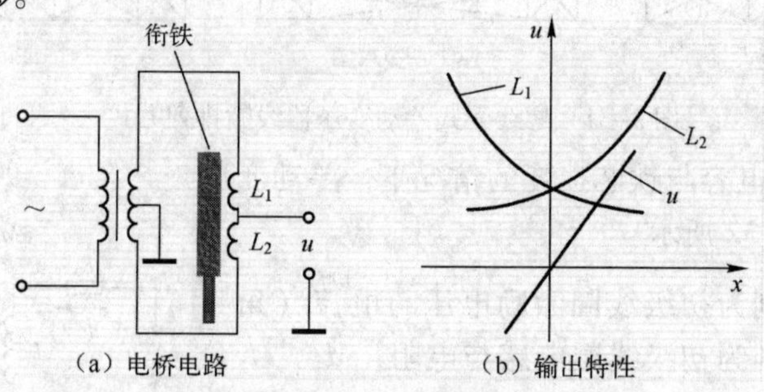

图3-29　变磁阻式双螺管线圈差动型传感器

（1）螺管式差动变压器电感传感器

传感器主要由线圈、铁芯、活动衔铁三部分组成。线圈包括一个初级线圈和两个极性反接的次级线圈，当初级线圈输入交流激励电压时，次级线圈将产生感压电动势e_1和e_2。由于两个次级线圈极性反接，因此，传感器的输出电压为两者之差，即$e_y=e_1-e_2$。活动衔铁能改变线圈之间的耦合程度。输出e_y的大小随活动衔铁的位置而变。当活动衔铁的位置居中时，即$e_1=e_2$，$e_y=0$；当活动衔铁向上移时，即$e_1>e_2$，$e_y>0$；当活动衔铁向下移时，即$e_1<e_2$，$e_y<0$。活动衔铁的位置往复变化，其输出电压也随之变化。螺线管式差动变压器如图3-30所示。

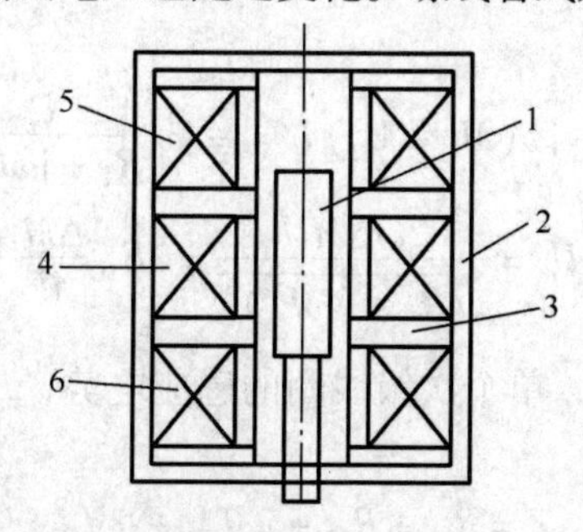

图3-30　螺线管式差动变压器

1—活动衔铁；2—导磁外壳；3—骨架；4—初级绕组；5—次级绕组1；6—次级绕组2

螺线管式差动变压器按线圈绕组排列方式的不同，可分为一节式、二节式、三节式、四节式、五节式等类型，如图3-31所示。一节式灵敏度高，三节式零点残余电压较小，通常采用的是二节式和三节式两类。

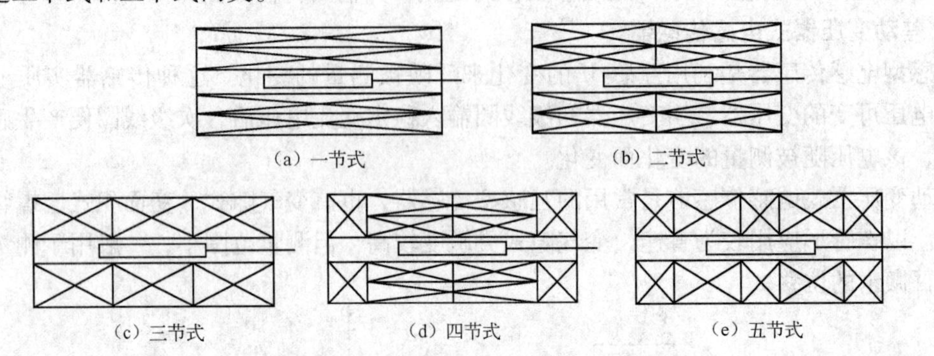

图3-31　螺线管式差动变压器线圈排列方式

在忽略线圈寄生电容与铁芯损耗的情况下，差动变压器的等效电路如图3-32所示。

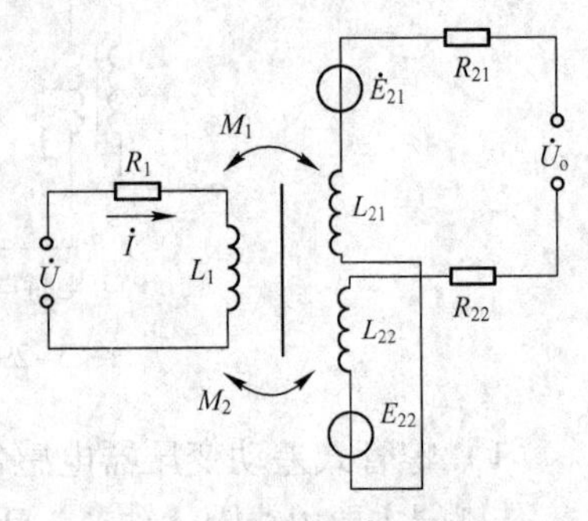

图3-32　差动变压器的等效电路

图中：$\dot{U}$、$\dot{I}$分别为初级线圈激励电压与电流（角频率为ω）；L_1、R_1分别为初级线圈电感与电阻；M_1、M_2分别为初级与两个次级线圈间的互感；L_{21}、L_{22}和R_{21}、R_{22}分别为两个次级线圈的电感和电阻。

根据变压器原理，传感器开路输出电压为两次级线圈感应电势之差，即

$$\dot{U}_o = \dot{E}_{21} - \dot{E}_{22} = -j\omega(M_1 - M_2)\dot{I} \tag{3-36}$$

当衔铁在中间位置时，若两次级线圈参数与磁路尺寸相等，则$M_1 = M_2 = M$，$U_o = 0$。当衔铁偏离中间位置时，$M_1 \neq M_2$，由于差动工作，有$M_1 = M + \Delta M_1$，$M_2 = M - \Delta M_2$。在一定范围内，$\Delta M_1 = \Delta M_2 = \Delta M$，差值$(M_1 - M_2)$与衔铁位移成比例。于是，在负载开路情况下，输出电压及其有效值分别为

$$\dot{U}_o = -j\omega(M_1 - M_2)\dot{I} = -j\omega\frac{2\dot{U}}{R_1 + j\omega L_1}\Delta M \tag{3-37}$$

$$U_o = \frac{2\omega\Delta MU}{\sqrt{R_1^2 + (\omega L_1)^2}} = 2E_{S0}\frac{\Delta M}{M} \tag{3-38}$$

式中，E_{S0}为衔铁在中间位置时，单个次级线圈的感应电势，$E_{S0} = \omega MU/\sqrt{R_1^2 + (\omega L_1)^2}$。

输出阻抗为

$$Z = R_{21} + R_{22} + j\omega L_{21} + j\omega L_{22} \tag{3-39}$$

（2）变气隙差动变压器式电感传感器

变气隙差动变压器式电感传感器示意图如图 3-33 所示。

差动变压器的输出特性与初级线圈对两个次级线圈的互感之差有关。结构形式不同，互感的计算方法也不同。差动变压器的输出特性为

$$\dot{U}_o = \dot{U}\frac{N_2}{N_1}\frac{\Delta\delta}{\delta_0} \tag{3-40}$$

式中，δ_0为初始气隙；N_1为初级线圈匝数；N_2为次级线圈匝数；$\Delta\delta$ 为衔铁上移量。

式（3-40）表明，输出电压 U_o与衔铁位移 $\Delta\delta$ 成比例，输出特性曲线如图 3-34 所示。式中负号表明 $\Delta\delta$ 向上为正时，输出电压 U_o与电源电压 U 反相；$\Delta\delta$ 向下为负时，两者同相。

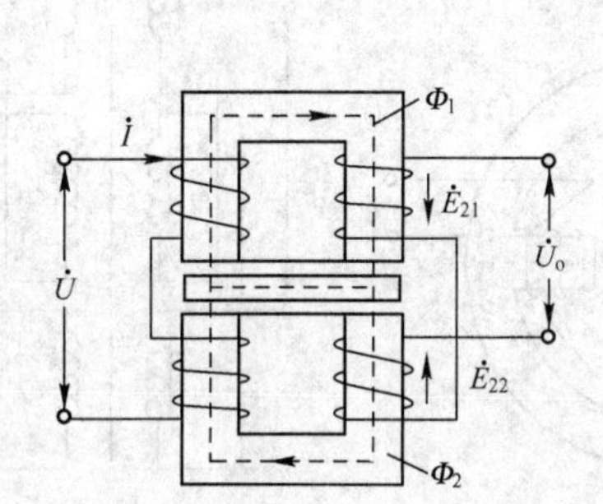

图 3-33　变气隙差动变压器式电感传感器

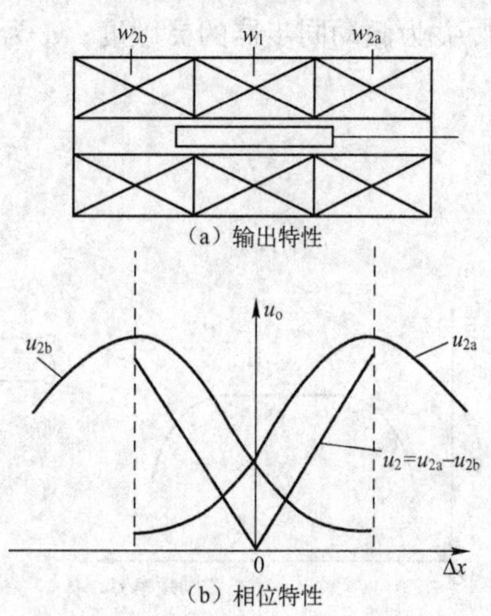

图 3-34　差动变压器的特性

由式（3-40）可得差动变压器的灵敏度表达式：

$$K = \frac{U_o}{\Delta\delta} = \frac{U}{\delta_0}\frac{N_2}{N_1} \tag{3-41}$$

可见传感器的灵敏度随电源电压 U 和变压比 N_2/N_1的增大而提高，随初始气隙增大而降低。增加次级匝数 N_2与增大激励电压 U 将提高灵敏度。但 N_2过大，会使传感器体积变大，且使零位电压增大；U 过大，易造成发热而影响稳定性，还可能导致磁饱和，因此 U 常取 0.5 ～ 8 V，并使功率限制在 1 V · A 以下。

当激励频率过低，$\omega L_1 \ll R_1$时，输出电压为

$$\dot{U}_o = -\mathrm{j}\omega\frac{2\Delta M}{R_1}\dot{U} \tag{3-42}$$

这时，差动变压器的灵敏度随角频率 ω 而增加。当 ω 增加使，$\omega L_1 \gg R_1$时，式（3-41）变为

$$\dot{U}_o = -\frac{2\Delta M}{L_1}\dot{U} \tag{3-43}$$

此时，灵敏度与频率无关，为一常数。当 ω 继续增加超过某一数值时（该值视铁芯材料而异），由于导线趋肤效应和铁损等影响而使灵敏度下降。通常应按所用铁芯材料，选取合适的较高激励频率，以保持灵敏度不变。这样，既可放宽对激励源频率的稳定度要求，又可在一定激励电压条件下减少磁通或匝数，从而减小尺寸。激励频率与灵敏度的关系如图 3-35 所示。

（3）变面积式差动式变压器电感传感器

差动式变压器也可做成改变导磁面积的变面积式，但用于测量直线位移的极少，常用来测量角位移，微动同步器如图 3-36 所示，其电路原理图如图 3-37 所示。则输出电压为

$$\begin{aligned}\dot{U}_o &= e_{22} + e_{24} - (e_{21} + e_{23}) \\ &= k\alpha\end{aligned} \tag{3-44}$$

式中，k 为微动同步器的灵敏度；α 为转子的转角。

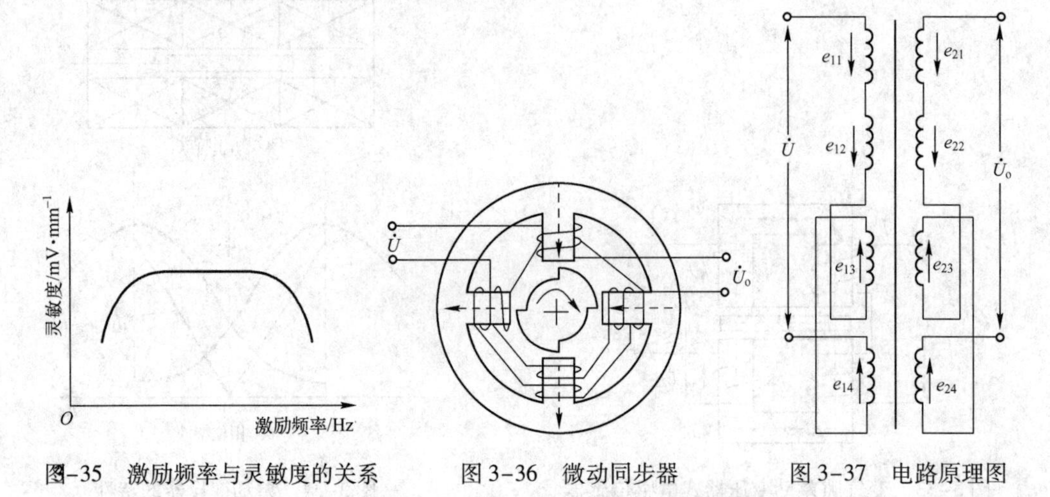

图3-35 激励频率与灵敏度的关系　　图 3-36 微动同步器　　图 3-37 电路原理图

电感传感器把被测量的变化转变为自感或互感的变化。为了测出自感或互感量的变化，同时也为了送入下一级电路进行放大和处理，就要用转换电路把自感或互感的变化转换成电压或电流变化。

二、电感式传感器的转换电路

1. 自感式传感器转换电路

将自感式传感器接入不同的电路中，可将自感量的变化转换成电压或电流的幅值、频率或相位的变化，这些电路就是调幅电路、调频电路和调相电路。

（1）调幅电路

调幅电路又分为交流电桥测量电路、变压器式交流电桥测量电路、调幅电路。分述如下：

① 交流电桥测量电路如图 3-38 所示。

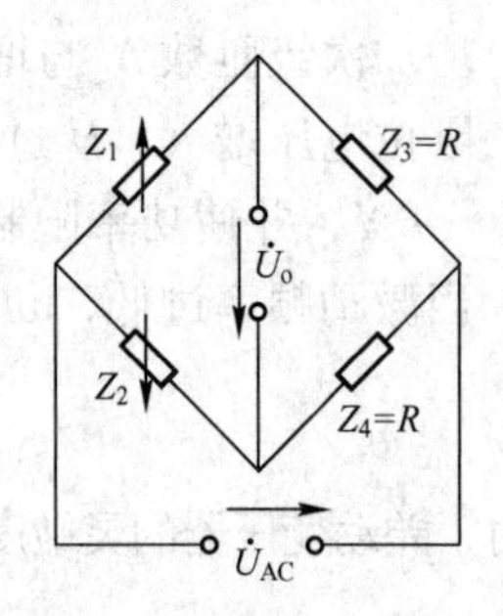

图 3-38 交流电桥测量电路

交流电桥测量电路把传感器的两个线圈作为电桥的两个桥臂 Z_1和 Z_2，另外两个相邻的桥臂用纯电阻器代替，对于高 Q 值（$Q=\omega L/R$）的差动式电感传感器，其输出电压为

$$\dot{U}_0=\frac{\dot{U}_{AC}}{2}\frac{\Delta Z_1}{Z_1}=\frac{\dot{U}_{AC}}{2}\frac{j\omega\Delta L}{R_0+j\omega L_0}\approx\frac{\dot{U}_{AC}}{2}\frac{\Delta L}{L_0} \tag{3-45}$$

式中，L_0为衔铁在中间位置时单个线圈的电感；ΔL 为单线圈电感的变化量。

将 $\Delta L=L_0(\Delta\delta/\delta_0)$代入式中得$\dot{U}_0=\frac{\dot{U}_{AC}\Delta\delta}{2\delta_0}$，由此可见，电桥输出电压与 $\Delta\delta$ 有关。

② 变压器式交流电桥测量电路如图 3-39 所示。电桥两臂 Z_1、Z_2为传感器线圈阻抗，另外两桥臂为交流变压器次级线圈的 1/2 阻抗。当负载阻抗为无穷大时，桥路输出电压

$$\dot{U}_o=-\frac{\dot{U}}{Z}\frac{\Delta Z}{Z}=\frac{\dot{U}}{Z}\frac{\Delta L}{L} \tag{3-46}$$

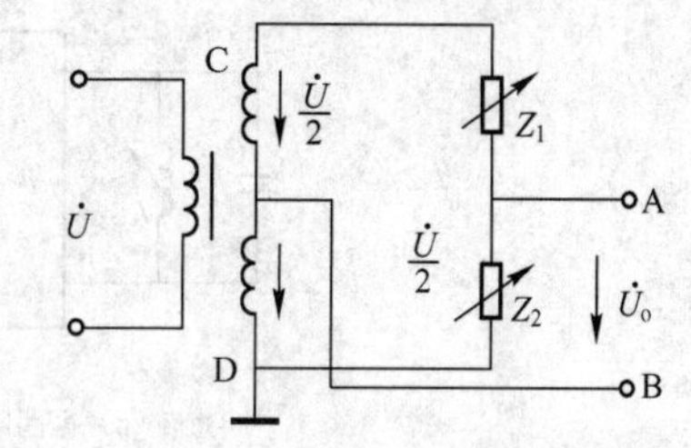

图 3-39　变压器式交流电桥测量电路

当传感器的衔铁处于中间位置，即 $Z_1=Z_2=Z$ 时，有 $U_o=0$，电桥平衡。

当传感器衔铁上移时，即 $Z_1=Z+\Delta Z$，$Z_2=Z-\Delta Z$，此时

$$\dot{U}_o=\frac{Z_1U}{Z_1+Z_2}-\frac{\dot{U}}{2}=\frac{Z_1-Z_2}{Z_1+Z_2}\frac{\dot{U}}{2} \tag{3-47}$$

当传感器衔铁下移时，则 $Z_1=Z-\Delta Z$，$Z_2=Z+\Delta Z$，此时

$$\dot{U}_o=-\frac{\dot{U}}{2}\frac{\Delta Z}{Z}=\frac{\dot{U}}{2}\frac{\Delta L}{L} \tag{3-48}$$

衔铁上下移动相同距离时，输出电压的大小相等，但方向相反，由于 U_o是交流电压，输出指示无法判断位移方向，必须配合相敏检波电路来解决。

③ 谐振式测量电路。谐振式测量电路主要指谐振式调幅电路，如图 3-40 所示。

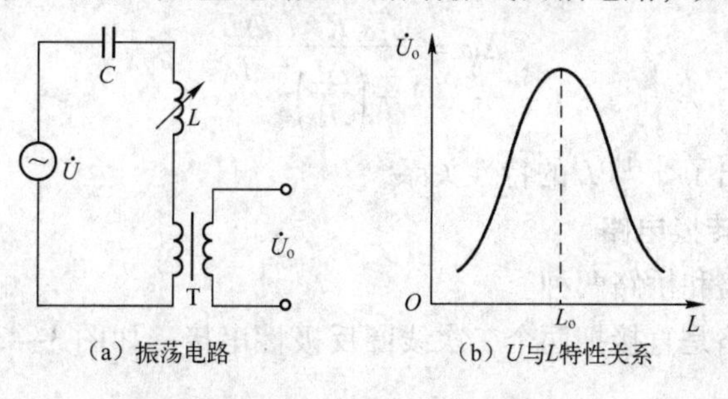

（a）振荡电路　　（b）U与L特性关系

图 3-40　谐振式调幅电路

在调幅电路中，传感器的电感器 L、电容器 C、变压器初级线圈串联在一起，接入交流电源，变压器次级将有电压 U_o输出，输出电压的频率与电源频率相同，而幅值随着电感 L 而变化，其中

L_0为谐振点的电感值，此电路灵敏度很高，但线性差，适用于线性要求不高的场合。

（2）调频电路

调频电路的基本原理是传感器电感 L 变化将会引起输出电压频率的变化。

一般是把传感器的电感器 L 和电容器 C 接入一个振荡回路中，其振荡频率 $f=\dfrac{1}{2\pi\sqrt{LC}}$。谐振式调频电路如图3-41（a）所示。当 L 变化时，f 随之变化，根据 f 的高低即可测出被测量的值。图3-41（b）表示 f 与 L 的特性，它具有明显的非线性关系。

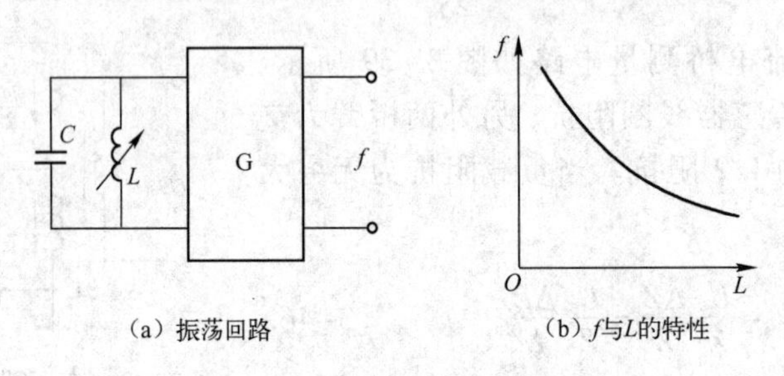

图3-41 谐振式调频电路

（3）调相电路

调相电路就是把传感器线圈 L 变化转换为输出电压相位 φ 的变化。图3-42所示为一个相位电桥，一臂为传感器线圈 L，一臂为固定电阻器 R。设计时使电感线圈具有高的品质因数。忽略其损耗电阻，则电感线圈上压降 U_L 与固定电阻器上压降 U_R 是两个相互垂直的分量。当 L 的电感变化时，相位角 φ 随之变化（输出电压 U_o 的幅值不变）。φ 与 L 的关系为

$$\varphi=-2\arctan\left(\frac{\omega L}{R}\right) \tag{3-49}$$

式中，ω 为电源角频率。

在这种情况下，当 L 有了微小变化 ΔL 后，输出相位变化 $\Delta\varphi$ 为

$$\Delta\varphi=\frac{2\,\dfrac{\omega L}{R}}{1+\left(\dfrac{\omega L}{R}\right)^2}\,\frac{\Delta L}{L} \tag{3-50}$$

图3-43（c）给出了 φ 与 L 的特性关系。

2. 差动变压器的转换电路

一般采用反串电路和桥路两种。

二次线圈反串电路是直接把两个二次线圈反极性串接，如图3-43所示。这种情况下空载输出电压等于二次线圈感应电动势之差，即$\dot{U}_o=E_{21}-E_{22}$。

差动变压器使用的桥路如图3-44所示，其中 R_1、R_2 是桥臂电阻器，R_w 是供调零用的电位器。设 $R_1=R_2$，则输出电压为

$$U_o=\frac{E_{21}-(-E_{22})}{R_1+R_2}R_2-E_{22}=\frac{E_{21}-E_{22}}{2}\tag{3-51}$$

可见桥路的灵敏度为前面的1/2，但其优点是利用R_w可进行调零，不再需要另外配置调零电路。

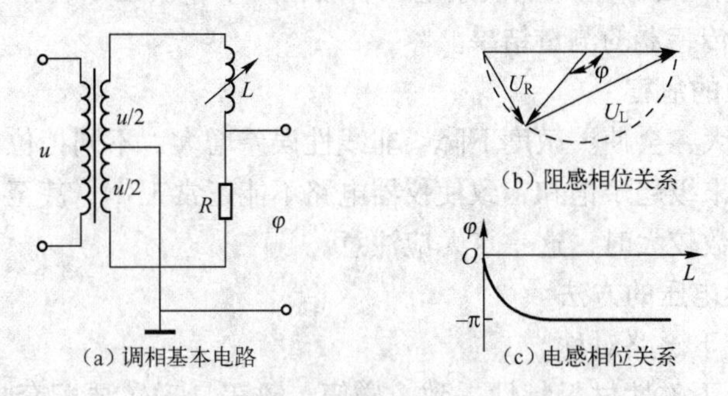

(a) 调相基本电路　　(c) 电感相位关系

图3-42　调相电路

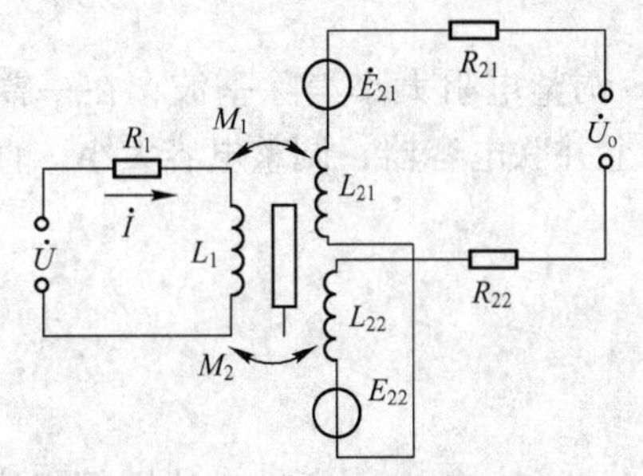

图3-43　二次线圈反串电路

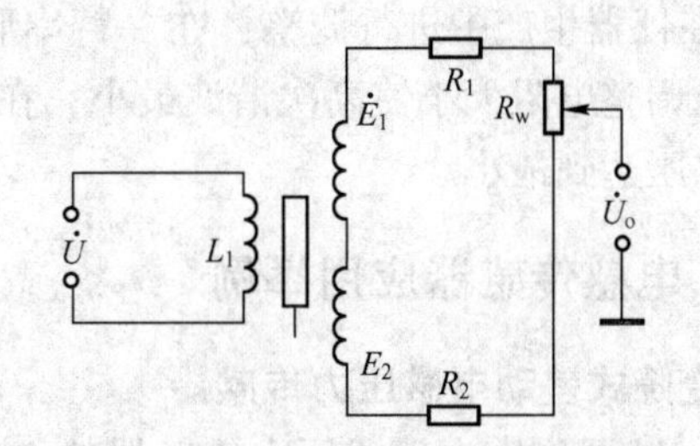

图3-44　差动变压器使用的桥路

三、零点残余电压

电感传感器经桥路将电感的变化转换为电压的变化。当两个线圈的阻抗相等时，电桥平衡，输出电压为零。由于传感器阻抗是一个复数阻抗，有感抗也有阻抗，只有两个线圈的电感和电阻分别相等，电桥才能达到平衡。实际上，这是很难达到的。也就是在衔铁处于中间位置时，传感器的输出电压并不等于零，把电感传感器在零位移时的输出电压称为零点残余电压。它的存在使传感器的输出特性不过零点，造成实际特性与理论特性不完全一致，如图3-45所示。

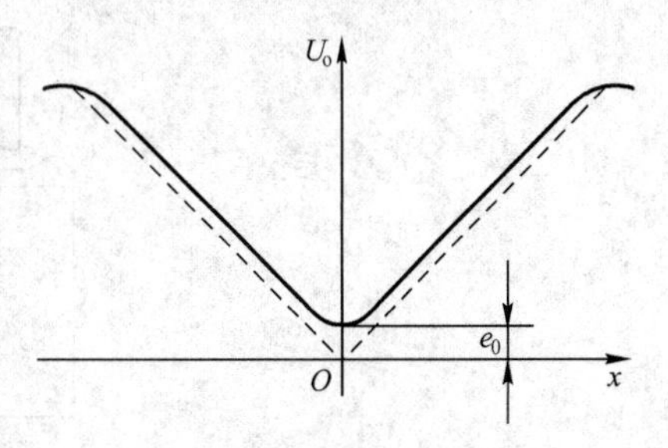

图3-45　零点残余电压

1. 零点残余电压产生的原因

零点残余电压主要是由传感器的两个次级线圈的电气参数与几何尺寸不对称以及磁性材料的非线性等问题引起的。零点残余电压的波形十分复杂，主要由基波和高次谐波组成。基波产生的主要原因是：传感器的两个次级绕组的电气参数和几何尺寸不对称，导致它们产生的感应电动势的幅值不等、相位不同，因此不论怎样调整衔铁位置，两个线圈中感应电动势都不能完全抵消。高次谐波中起主要作用的是三次谐波，产生的原因是由于磁性材料磁化曲线的非线性（磁饱和、磁滞）。零点残余电压一般在几十毫伏以下，在实际使用时，应设法减小，否则将会影响传感器的测量结果。

2. 零点残余电压的危害

零点残余电压过大，会使灵敏度下降，非线性误差增大，不同挡位的放大倍数有显著差别，甚至造成放大器末级趋于饱和，致使仪器电路不能正常工作，甚至不再反映被测量的变化。在仪器的放大倍数较大时，这一点尤应注意。

3. 减小零点残余电压的方法

① 设计时应使上下磁路对称。

② 制造时应使上下磁性材料特性一致：磁筒、磁盖、磁芯要配套挑选，线圈排列要均匀。松紧要一致，每层匝数相等。

③ 在仪器生产中进行调整：在一臂串联电阻器，调整电阻大小消除基波；在一臂并联电阻器，调整电阻大小使高次谐波最小；在一次线圈上并联电容器，调整电容大小，直到零点残余电压达到最小。

四、电感传感器应用举例

1. 变隙式差动电感压力传感器

图 3-46 是变隙电感式压力传感器的结构图。它由膜盒、铁芯、衔铁、线圈等组成，衔铁与膜盒的上端连在一起。

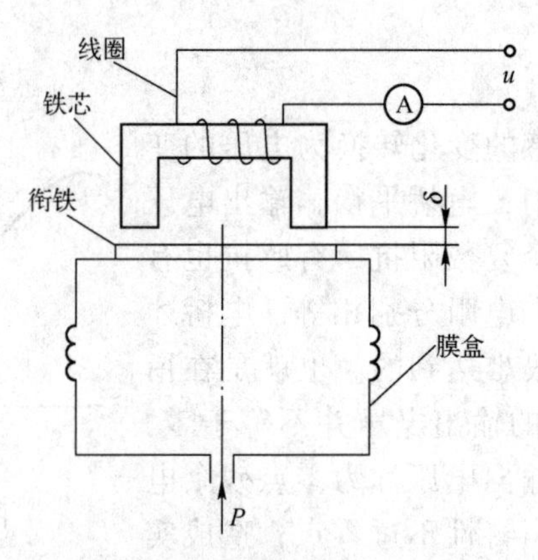

图 3-46　变隙电感式压力传感器

当压力 P 进入膜盒时，膜盒的顶端在 P 的作用下产生与 P 大小成正比的位移。于是衔铁也发生移动，从而使气隙发生变化，流过线圈的电流也发生相应的变化，电流表指示值就反映了被测压力的大小。

2. 变隙式差动电感压力传感器

图 3-47 所示为变隙式差动电感压力传感器。它主要由 C 形弹簧管、衔铁、铁芯和线圈等组成。

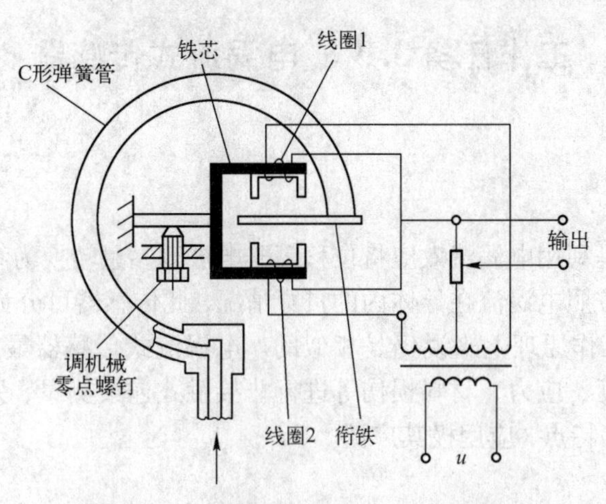

图 3-47　变隙式差动电感压力传感器

当被测压力进入 C 形弹簧管时，C 形弹簧管产生变形，其自由端发生位移，带动与自由端连接成一体的衔铁运动，使线圈 1 和线圈 2 中的电感发生大小相等、符号相反的变化，即一个电感量增大，另一个电感量减小。电感的这种变化通过电桥电路转换成电压输出。由于输出电压与被测压力之间成比例关系，所以只要用检测仪表测量出输出电压，即可得知被测压力的大小。

3. 差动变压式传感器的应用

差动变压器式传感器可以直接用于位移测量，也可以测量与位移有关的任何机械量，如振动、加速度、应变、比重、张力和厚度等。

图 3-48 所示为差动变压器式加速度传感器的结构示意图。它由悬臂梁和差动变压器构成。

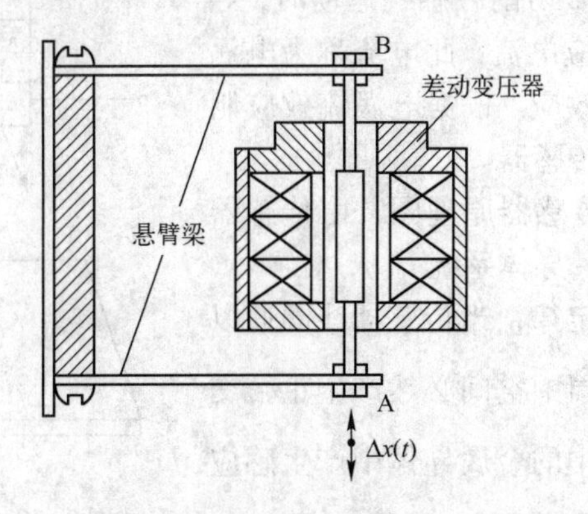

图 3-48　差动变压器式加速度传感器

测量时，将悬臂梁底座及差动变压器的线圈骨架固定，而将衔铁的 A 端与被测振动体相连。当被测体带动衔铁以 $\Delta x(t)$ 振动时，导致差动变压器的输出电压也按相同规律变化。

工作任务 3.3　电涡流式传感器

【任务提示】

电涡流式传感器是利用电涡流效应将位移等非电被测参量转换为线圈的电感或阻抗变化的变磁阻式传感器。按照电涡流在导体内的贯穿情况，此传感器可分为高频反射式和低频透射式两类，但从基本工作原理上来说仍是相似的。电涡流式传感器最大的特点是能对位移、厚度、表面温度、速度、应力、材料损伤等进行非接触式连续测量，另外还具有体积小，灵敏度高，频率响应宽等特点，应用极其广泛。

【任务目标】

① 掌握电涡流式传感器的工作原理。
② 掌握电涡流式传感器的安装方法。
③ 掌握电涡流式传感器的使用和测量。

【知识技能】

一、电涡流式传感器的工作原理

1. 电涡流式传感器的原理分析

根据法拉第电磁感应定律，块状金属导体置于变化的磁场中或在磁场中做切割磁感线运动时，导体内将产生呈涡旋状的感应电流，此电流称为电涡流，以上现象称为电涡流效应。根据电涡流效应制成的传感器称为电涡流式传感器。

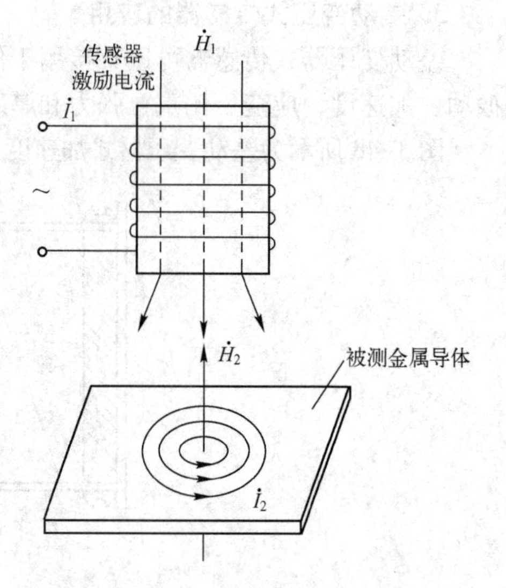

图 3-49　电涡流式传感器原理图

图 3-49 为电涡流式传感器原理图，由传感器线圈和被测导体组成线圈－导体系统。

根据法拉第电磁感应定律，当传感器线圈通以正弦交变电流 $\dot{I}_1$ 时，线圈周围空间必然产生正弦交变磁场 $\dot{H}_1$，使置于此磁场中的金属导体中产生感应电涡流 $\dot{I}_2$，又产生新的交变磁场 $\dot{H}_2$。根据楞次定律，$\dot{H}_2$的作用将反抗原磁场$\dot{H}_1$，导致传感器线圈的等效阻抗发生变化。由上可知，线圈阻抗的变化完全取决于被测金属导体的电涡流效应。而电涡流效应既与被测体的电阻率ρ、磁导率μ以及几何形状有关，又与线圈几何参数、线圈中励磁电流频率有关，还与线圈与导体间的距离x有关。因此，传感器线圈受电涡流影响时的等效阻抗Z的函数关系式为

$$Z=F(\rho,\mu,r,f,x) \tag{3-52}$$

式中，r为线圈与被测体的尺寸因子。

如果式（3-52）中只改变其中一个参数，其他参数不变，传感器线圈阻抗Z就仅仅是这个参数的单值函数。通过与传感器配用的测量电路测出阻抗Z的变化量，即可实现对该参数的测量。

2. 电涡流式传感器的基本特性

电涡流传感器简化模型如图3-50所示。

模型中把在被测金属导体上形成的电涡流等效成一个短路环，即假设电涡流仅分布在环体之内，模型中短路环的深度h的计算公式为

$$h=\sqrt{\frac{\rho}{\pi\mu_0 u_r f}} \tag{3-53}$$

式中，f为线圈励磁电流的频率。

根据简化模型，可画出图3-51所示的等效电路图。图中R_2为电涡流短路环等效电阻，其表达式为

$$R_2=\frac{2\pi\rho}{h\ln\frac{r_n}{r_i}} \tag{3-54}$$

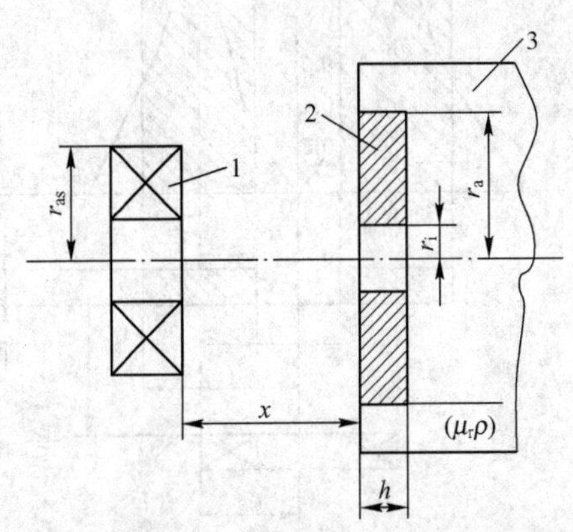

图3-50　电涡流传感器简化模型

1—传感器线圈；2—短路环；3—被测金属导体

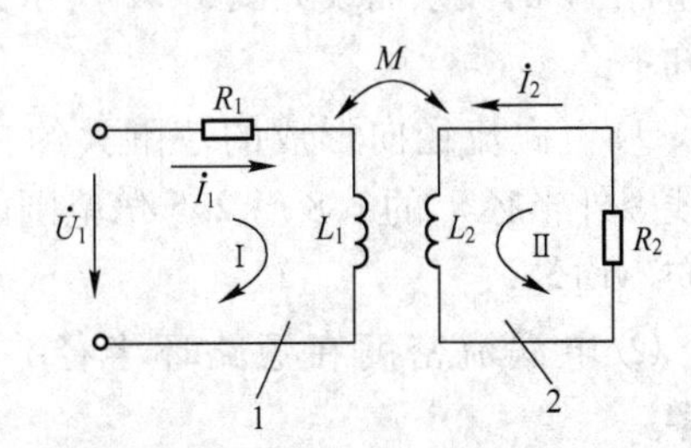

图3-51　电涡流传感器等效电路

1—传感器线圈；2—电涡流短路环

根据基尔霍夫第二定律，可列出如下方程：

$$R_1\dot{I}_1+\mathrm{j}\omega L_1\dot{I}_1-\mathrm{j}\omega M\dot{I}_2=\dot{U}_1 \tag{3-55}$$

$$R_2\dot{I}_2+\mathrm{j}\omega L_2\dot{I}_2-\mathrm{j}\omega M\dot{I}_1=0 \tag{3-56}$$

式中，ω 为线圈励磁电流角频率；R_1、L_1分别为线圈电阻和电感；R_2、L_2分别为短路环等效电感和等效电阻；M 为互感系数。

由式（3-55）和式（3-56）解得等效阻抗 Z 的表达式为

$$Z=R_1+R_2\frac{\omega^2M^2}{R_2^2+\omega^2L_2^2}+\mathrm{j}\omega\left[L_1+L_2\frac{\omega^2M^2}{R_2^2+\omega^2L_2^2}\right]=R_{\mathrm{eq}}+\mathrm{j}\omega L_{\mathrm{eq}} \tag{3-57}$$

即

$$R=R_1+R_2\frac{\omega^2M^2}{R_2^2+\omega^2L_2^2} \tag{3-58}$$

$$L=L_1+L_2\frac{\omega^2M^2}{R_2^2+\omega^2L_2^2} \tag{3-59}$$

式中，R_{eq}为线圈受电涡流影响后的等效电阻；L_{eq}为线圈受电涡流影响后的等效电感。

线圈的等效品质因数 Q 值为

$$Q=\frac{\omega L_{\mathrm{eq}}}{R_{\mathrm{eq}}} \tag{3-60}$$

综上所述，根据电涡流式传感器的简化模型和等效电路，运用电路分析的基本方法得到的式（3-56）和式（3-57），即为电涡流基本特性。

3. 电涡流形成范围

（1）电涡流的径向形成范围

线圈—导体系统产生的电涡流密度既是线圈与导体间距离 x 的函数，又是沿线圈半径方向 r 的函数。当 x 一定时，电涡流密度 J 与半径 r 的关系曲线如图 3-52 所示，由图可知：

① 电涡流径向形成的范围大约在传感器线圈外半径 r_{as}的 1.8 ～2.5 倍范围内，且分布不均匀。

② 电涡流密度在短路环半径 $r=0$ 处为零。

③ 电涡流的最大值在 $r=r_{\mathrm{as}}$附近的一个狭窄区域内。

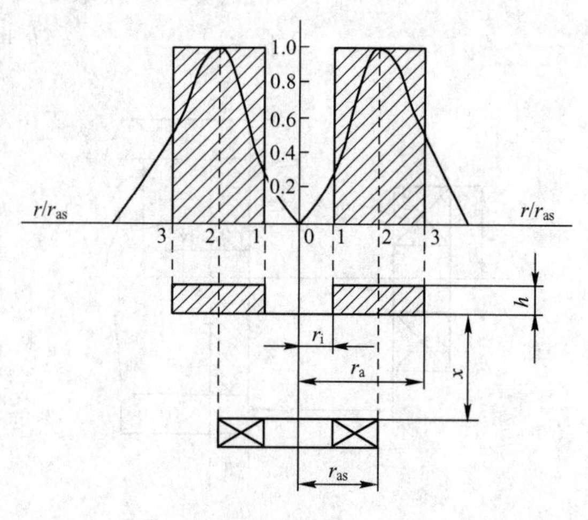

图 3-52　电涡流密度 J 与半径 r 的关系曲线

④ 可以用一个平均半径为 r_{as} $\left(r_{as}=\frac{r_i+r_a}{2}\right)$ 的短路环来集中表示分散的电涡流（图3-56中阴影部分）。

（2）电涡流大小与距离的关系

理论分析和实验都已证明，当 x 改变时，电涡流密度发生变化，即电涡流大小随距离 x 的变化而变化。根据线圈－导体系统的电磁作用，可以得到金属导体表面的电涡流大小为

$$I_2=I_1\left[\frac{1-x}{\sqrt{x^2+r_{as}^2}}\right] \tag{3-61}$$

式中，I_1 为线圈励励电流；I_2 为金属导体中等效电流；x 为线圈到金属导体表面距离；r_{as} 为线圈外半径。

根据式（3-61）做出的归一化曲线如图3-53所示。

通过分析表明：

① 电涡流大小与距离 x 呈非线性关系，且随着 x/r_{as} 的增加而迅速减小。

② 当利用电涡流式传感器测量位移时，只有在 $x/r_{as}=1$ 的范围才能得到较好的线性和较高的灵敏度。

（3）电涡流的轴向贯穿深度

由于趋肤效应，电涡流沿金属导体纵向的 H_1 分布是不均匀的，其分布按指数规律衰减，可用式（3-62）表示，为

$$J_Z=J_0\exp\left(\frac{Z}{h}\right) \tag{3-62}$$

式中，Z 为金属导体中某一点至表面的距离；J_Z 为沿 H_1 轴向 Z 处的电涡流密度；J_0 为金属导体表面电涡流密度，即电涡流密度最大值；h 为电涡流轴向贯穿深度（趋肤深度）。

图3-54所示为电涡流密度轴向分布曲线。由图可见，电涡流密度主要分布在金属导体表面附近。

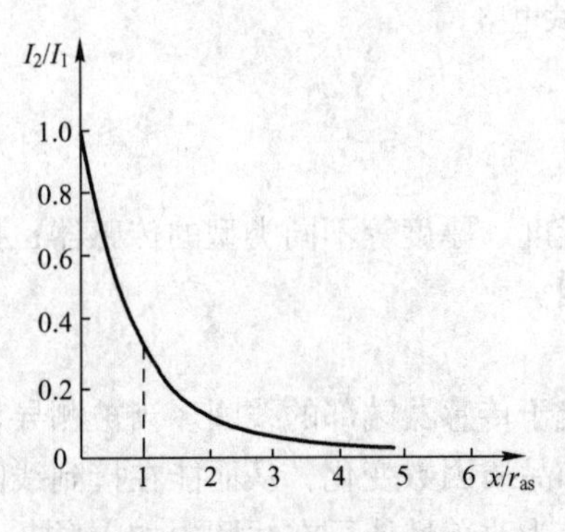

图3-53　电涡流大小与距离归一化曲线

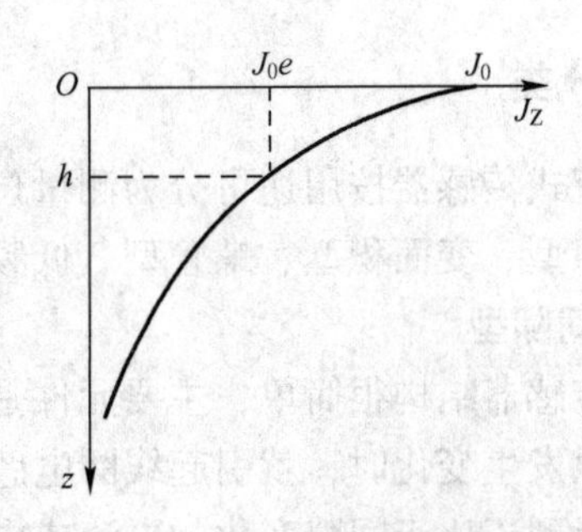

图3-54　电涡流密度轴向分布曲线

二、电涡流式传感器的测量转换电路

1. 调幅式电路

调幅式电路以输出高频信号的幅度来反映电涡流探头与被测金属导体之间的关系，调幅式电路的结构如图 3-55 所示。

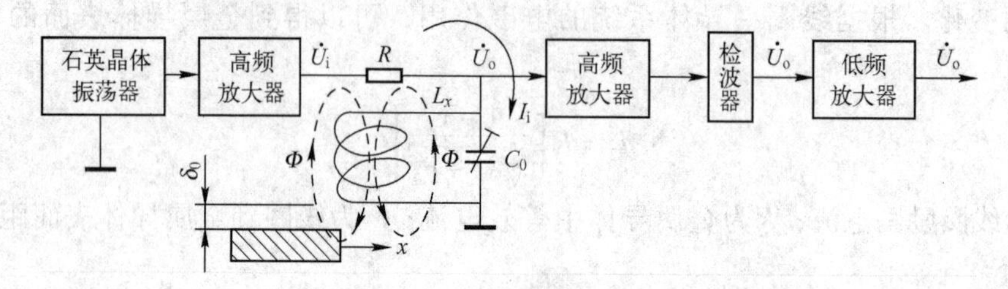

图 3-55 调幅式电路结构

调幅式电路的缺点为：电压放大器放大倍数的漂移会影响测量精度，必须采取各种温度补偿措施。

2. 调频式电路

调频式电路就是将探头线圈 L 与微调电容器 C_0 构成 LC 振荡器，以振荡器的频率 f 作为输出量，调频式电路如图 3-56 所示。

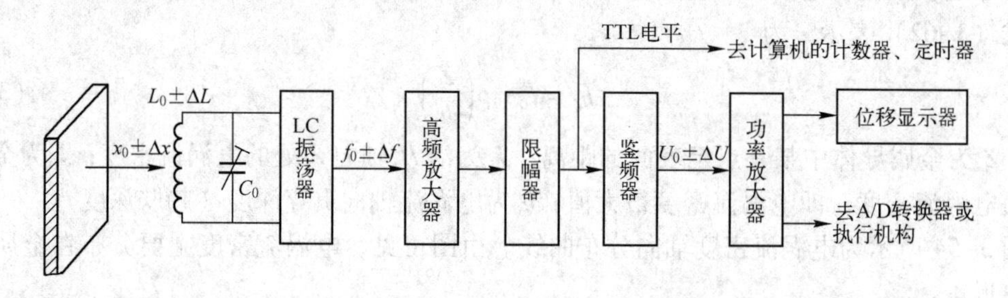

图 3-56 调频式电路

三、分类

电涡流式传感器按用途可分为测量位移、接近度、厚度等不同类型的传感器；按结构可分为变间隙型、变面积型、螺管型、低频透射型四类。

1. 变间隙型

这种传感器结构很简单，主要元件是一个固定于传感器端部的线圈。当被测导体与线圈之间的间隙发生变化时，就引起线圈电感、阻抗和品质因数变化，从而能在接到线圈上的测量电路内得到正比于间隙变化的电流或电压变化。为改善性能可在线圈内加入磁芯。

2. 变面积型

变面积型电涡流式传感器如图3-57所示。这种传感器由绕在扁矩形框架上的线圈构成，它利用被测导体和传感器线圈之间相对覆盖面积的变化所引起的电涡流效应强弱变化来测量位移。为补偿间隙变化引起的误差常使用两个串接的线圈，置于被测物体的两边。它的线性测量范围比变间隙型的大，而且线性度较高。

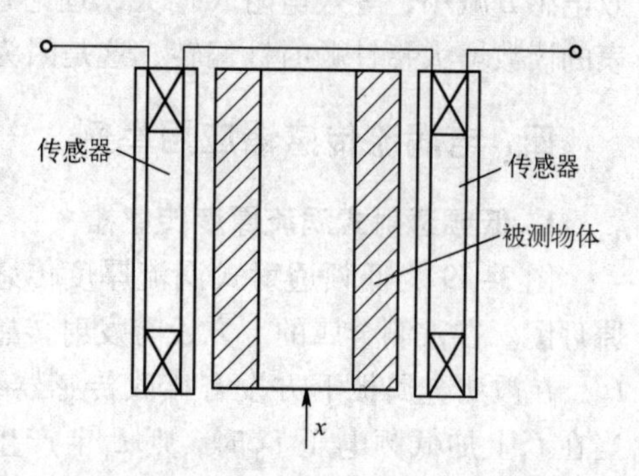

图3-57　变面积型电涡流式传感器

3. 螺管型

这种传感器由螺管和插入螺管的短路套筒组成，套筒与被测物体相连。套筒沿轴向移动时，电涡流效应引起螺管阻抗变化。这种传感器有较好的线性度，但是灵敏度较低，具有与螺管型电感式传感器相似的特性，但没有铁损。

4. 低频透射型

它由分别位于被测金属板材两面的发射线圈和接收线圈组成，适于测量金属板材的厚度。发射线圈通过振荡器产生磁感线穿过金属板，在接收线圈两端产生感应电压。金属板内产生电涡流使到达接收线圈的磁感线减小。金属板的厚度越大，透射的磁感线越少，因而感应电压也就越小。感应电压与金属板的厚度之间呈指数变化关系，磁感线的贯穿深度取决于激励频率，为使贯穿深度大于板材厚度，要将频率选得低些。频率低还可改善线性度。激励频率一般选在500 Hz左右。

5. 高频反射型

图3-58所示为高频反射型电涡流式传感器，当高频500 kHz左右，信号源产生的高频电压施加到一个靠近金属导体附近的电感线圈 L_1 时，将产生高频磁场 H_1，如被测导体置于该交变磁场范围之内时，被测导体就产生电涡流 I_2，I_2 在金属导体的纵深方向并不是均匀分布的，而只集中在金属导体的表面，也就是所谓为的趋肤效应。

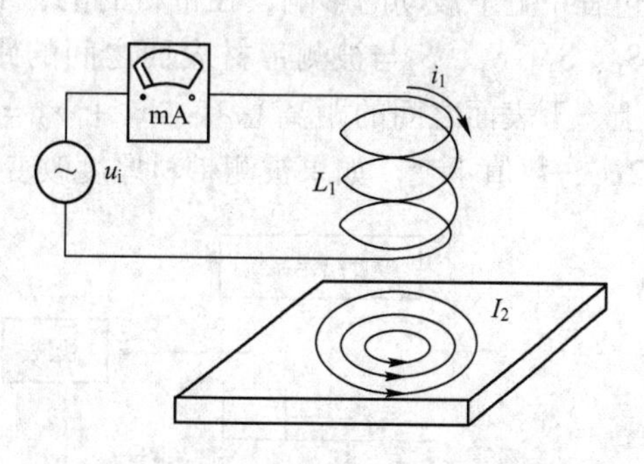

图3-58　高频反射型电涡流式传感器

趋肤效应与激励源频率、工件的电导率和磁导率等有关，频率越高，电涡流的渗透深度就越浅，趋肤效应越严重，由于存在趋肤效应，电涡流只能检测导体表面的各种物理参数，如线圈与导体表面的距离，导体表面的裂纹或者用来检测与材料磁导率有关的材料表面硬度等参数。据传感器设计工程师介绍，改变 f 可控制检测深度，激励源频率一般设定在100 kHz～1 MHz，有时为了使电涡流深入金属导体深处，或欲对距离较远的金属体进行检测，可采用十几赫甚至几百赫的激励频率，当图示的电涡流线圈与导体的距离减小时，电涡流线圈的等

效电感 L 减小，等效电阻 R 增大，理论和实验都证明，此时流过线圈的电流 i_1 是增大的，电表的读数增大指针顺时针偏转，这是因为线圈的感抗 X_L 的变化比 R 的变化大得多。

四、电涡流传感器应用举例

1. 低频透射式涡流厚度传感器

图 3-59 为低频透射式涡流厚度传感器结构原理图。在被测金属的上方设有发射传感器线圈 L_1，在被测金属板下方设有接收传感器线圈 L_2。当在 L_1 上加低频电压 U_1 时，则 L_1 上产生交变磁通 Φ_1，若两线圈间无金属板，则交变磁场直接耦合至 L_2 中，L_2 产生感应电压 U_2。如果将被测金属板放入两线圈之间，则 L_1 线圈产生的磁通将导致在金属板中产生电涡流。

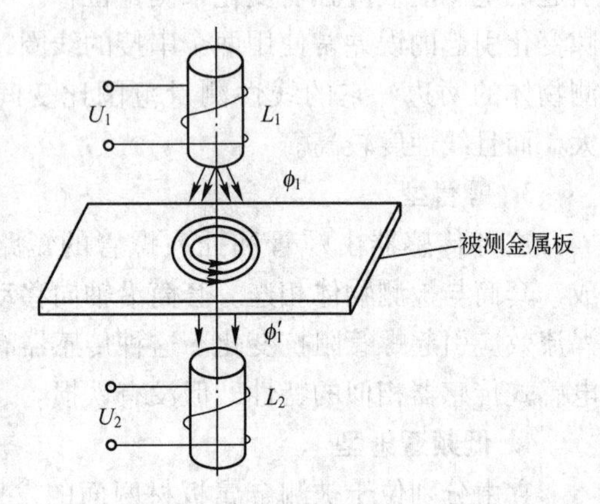

图 3-59 低频透射式涡流厚度传感器结构原理图

此时磁场能量受到损耗，到达 L_2 的磁通将减弱为 Φ'_1，从而使 L_2 产生的感应电压 U_2 下降。金属板越厚，涡流损耗就越大，U_2 电压就越小。因此，可根据 U_2 电压的大小得知被测金属板的厚度，透射式涡流厚度传感器检测范围可达1 ～ 100 mm，分辨率为 0.1 μm，线性度为 1%。

2. 高频反射式涡流厚度传感器

图 3-60 是高频反射式涡流测厚仪测试系统原理图。为了克服被测带材不够平整或运行过程中上下波动的影响，在带材的上、下两侧对称地设置了两个特性完全相同的涡流传感器 S_1、S_2。S_1、S_2 与被测带材表面之间的距离分别为 x_1 和 x_2。若带材厚度不变，则被测带材上、下表面之间的距离总有“$x_1 + x_2 =$ 常数”的关系存在。两传感器的输出电压之和为 $2U_o$，数值不变。如果被测带材厚度改变量为 $\Delta\delta$，则两传感器与带材之间的距离也改变了一

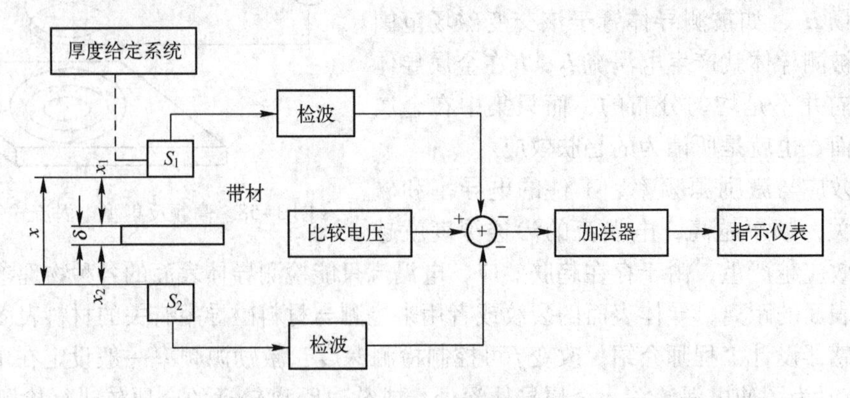

图 3-60 高频反射式涡流测厚仪测试系统原理图

个 $\Delta\delta$，两传感器输出电压此时为 $2U_o+\Delta U$。ΔU 经放大器放大后，通过指示仪表电路即可指示出带材的厚度变化值。带材厚度给定值与偏差指示值的代数和就是被测带材的厚度。

3. 电涡流式转速传感器

图 3-61 为电涡流式转速传感器工作原理图。在软磁材料制成的输入轴上加工一键槽，在距输入表面 d_0 处设置电涡流传感器，输入轴与被测旋转轴相连。

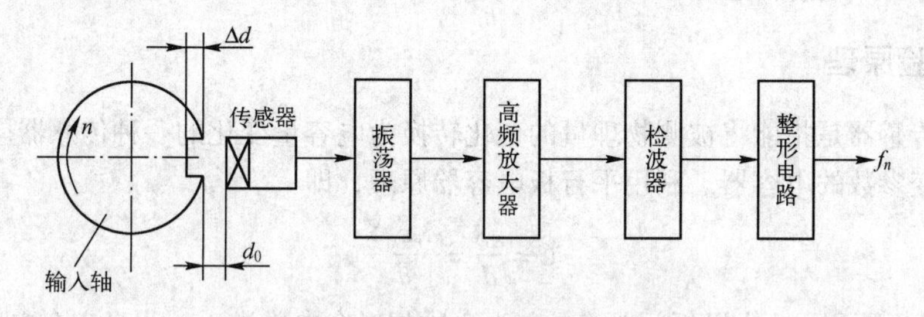

图 3-61　电涡流式转速传感器工作原理图

当被测旋转轴转动时，输入轴的距离发生 $d_0+\Delta d$ 的变化。由于电涡流效应，这种变化将导致振荡谐振回路的品质因素变化，使传感器线圈电感随 Δd 的变化而变化，它们将直接影响振荡器的电压幅值和振荡频率。因此，随着输入轴的旋转，从振荡器输出的信号中包含有与转数成正比的脉冲频率信号。该信号由检波器检出电压幅值的变化量，然后经整形电路输出脉冲频率信号 f_n。该信号经电路处理便可得到被测转速。

这种转速传感器可实现非接触式测量，抗污染能力很强，可安装在旋转轴近旁长期对被测转速进行监视。最高测量转速可达 600 000 r/min。

实验案例　电容式传感器的位移特性实验

【实验提示】

电容式传感器是指能将被测物理量的变化转换为电容量变化的一种传感器，它实质上是具有一个可变参数的电容器。

【实验目标】

通过本实验，学生能够掌握电容传感器的结构及特点，能够在实际应用中熟练应用电容式移位传感器。提高自己的理论水平和实践能力。

【实验设计】

一、实验仪器

电容传感器、电容传感器模块、测微头、数显直流电压表、直流稳压电源。

二、实验原理

电容式传感器是指能将被测物理量的变化转换为电容量变化的一种传感器。它实质上是具有一个可变参数的电容器。利用平行板电容器原理，即

$$C=\frac{\varepsilon S}{d}=\frac{\varepsilon_r \varepsilon_0 S}{d} \tag{3-63}$$

式中，S为极板面积；d为极板间距离；ε_r为介质相对介电常数，ε_0为真空介电常数。

由此可以看出，当被测物理量使S、d或ε_r发生变化时，电容量C随之发生改变，如果保持其中两个参数不变而仅改变另一参数，就可以将该参数的变化单值地转换为电容量的变化。所以电容传感器可以分为三种类型：改变极间距离的变间隙式、改变极板面积的变面积式、改变介质电常数的变介电常数式。这里采用变面积式圆筒电容器，如图 3-62 所示，两只圆筒电容器共享一个下极板，当下极板随被测物体移动时，两只电容器上下极板的有效面积一只增大、另一只减小，将三个极板用导线引出，形成差动电容输出。

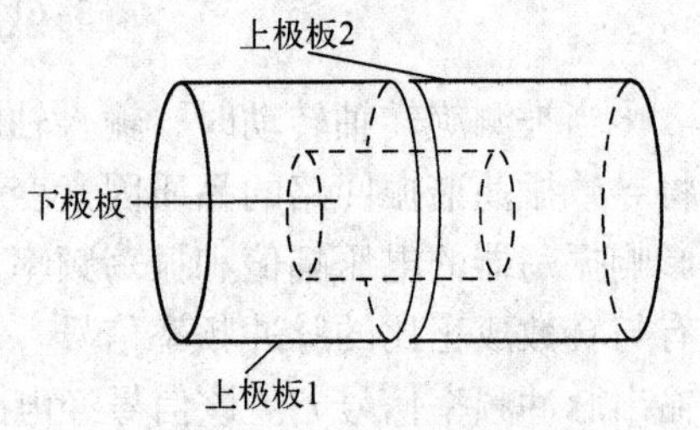

图 3-62　圆筒电容器

三、实验内容与步骤

① 按图 3-63 所示，将电容传感器安装在电容传感器模块上，将传感器引脚插入实验模块插座中。

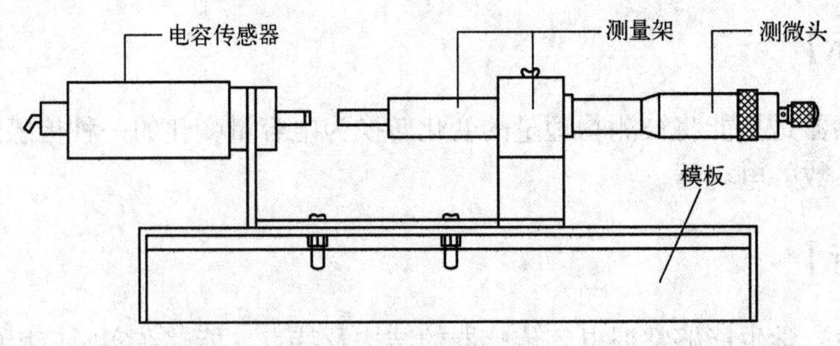

图 3-63　电容传感器模块

② 将电容传感器模块的输出U_0接到数显直流电压表。

③ 接入 ±15 V 电源，合上主控台电源开关，将电容传感器调至中间位置，调节电位器 R_w，使得数显直流电压表显示为 0（选择 2 V 挡），R_w确定后不能再改动。

④ 旋动测微头推进电容传感器的共享极板（下极板），每隔 0.2 mm 记下位移量 X 与输出电压值 U_o的变化，填入表 3-2。

表 3-2　位移量 X 与输出电压 U_o的变化

X/mm										
U_o/mV										

四、实验报告

根据表 3-2 的数据，计算电容传感器的系统灵敏度 S 和非线性误差 δ_f。

学习情境 4 位置与转速的检测

本学习情境以位置与转速的检测为线索，介绍了光电式传感器、磁电式传感器及霍尔式传感器的原理、类型、应用。对能进行位移量检测的传感器进行学习和使用。

典型工作任务：

了解光电式传感器、磁电式传感器及霍尔式传感器的原理、类型及应用。

工作能力：

① 培养学生选择、使用位置传感器的能力。

② 培养学生分析、调试位置与转速传感器的能力。

③ 培养学生对传感器件进行改造、开发和创新的能力。

④ 培养学生勇于创新、敬业乐业的工作作风。

工作技能：

① 掌握位置与转速传感器的结构和工作原理。

② 掌握位置与转速传感器的应用。

工作任务 4.1 光电式传感器

【任务提示】

光电器件是将光能转换为电能的一种传感器件，它是构成光电式传感器最主要的部件。光电器件响应快、结构简单、使用方便，而且有较高的可靠性，因此在自动检测、计算机和控制系统中，应用非常广泛。

光电器件工作的物理基础是光电效应。在光线作用下，物体的电导性能改变的现象称为内光电效应，如光敏电阻器等就属于这类光电器件。在光线作用下，能使电子逸出物体表面的现象称为外光电效应，如光电管、光电倍增管就属于这类光电器件。在光线作用下，能使物体产生一定方向的电动势的现象称为光生伏特效应，即阻挡层光电效应，如光电池、光敏晶体管等就属于这类光电器件。

光电式传感器是以光电器件作为转换元件的传感器，可用于检测直接引起光量变化的非电量，如光强、光照度、辐射测温、气体成分分析等；也可用来检测能转换成光量变化的其他非电量，如零件直径、表面粗糙度、应变、位移、振动、速度、加速度，以及物体的形状、工作状态的识别等。光电式传感器具有非接触、响应快、性能可靠等特点，因此在工业自动化装置和机器人中获得广泛应用。近年来，新的光电器件不断涌现，特别是 CCD（Charge Coupled Dvice，电荷耦合器件）图像传感器的诞生，为光电传感器的进一步应用开创了新的一页。

【任务目标】

① 了解光电效应。

② 掌握常用光电元件及其特性。

③ 掌握光电式传感器的应用类型。

【知识技能】

一、光电效应及分类

光电效应是光照射到某些物质上，使该物质的导电特性发生变化的一种物理现象，可分为内光电效应和外光电效应，内光电效应又包括光电导效应和光生伏特效应。

1. 内光电效应

受光照物体（通常为半导体材料）电导率发生变化或产生光电动势的效应称为内光电效应。内光电效应按其工作原理分为两种：光电导效应和光生伏特效应。

（1）光电导效应

光电导效应是指半导体材料受到光照时会产生电子－空穴对，使其导电性能增强，光线越强，电阻愈小，这种光照后电阻率发生变化的现象，称为光电导效应。基于这种效应的光电器件有光敏电阻器（光电导型）和反向工作的光电二极管、光电晶体管（光电导结型）。

（2）光生伏特效应

光生伏特效应指半导体材料 PN 结受到光照后产生一定方向的电动势的效应，因此光生伏特型光电器件是自发电式的，属有源器件，以可见光作光源的光电池是常用的光生伏特型器件，硒和硅是光电池常用的材料，也可以使用锗。

2. 外光电效应

在光线作用下，物质内的电子逸出物体表面向外发射的现象，称为外光电效应。根据爱因斯坦的假设，一个光子的能量只给一个电子，因此，如果要使一个电子从物质表面逸出，光子具有的能量 E 必须大于该物质表面的逸出功 A_0，这时逸出表面的电子就具有动能 E_k，即

$$E_{\mathrm{k}}=\frac{1}{2}mv_0^2=h\gamma-A_0 \tag{4-1}$$

式中，m 为电子质量；v_0为电子逸出时的初速度；h 为普朗克常量，$h=0.626\times10^{-34}$（J·s）；γ 为光的频率。

由式（4-1）可见，光电子逸出时所具有的初始动能 E_{k} 与光的频率有关，频率高则动

能大。由于不同材料具有不同的逸出功，因此对某种材料而言便有一个频率限，当入射光的频率低于此频率限时，不论光强多大，也不能激发出电子；反之，当入射光的频率高于此极限频率时，即使光线微弱也会有光电子发射出来，这个频率限称为“红限频率”，其波长为$\lambda_k = hc/A_0$，其中，c为光在空气中的传播速度，λ_k为波长，当$\lambda_k = c/\gamma$时，该波长称为临界波长。基于外光电效应的光电器件属于光电发射型器件，主要有光电管、光电倍增管等。

二、光电器件

1. 光电管（phototube）

光电管是基于外光电效应的基本光电转换器件，是受到辐射后能从阴极释放出电子的电子管，可分为真空光电管和充气光电管两种。

（1）光电管的典型结构与分类

光电管结构原理图如图4-1所示。将球形玻璃壳抽成真空，在内半球面上涂一层光电材料作为阴极，球心放置小球形或小环形金属作为阳极。若球内充低压惰性气体就成为充气光电管。光电子在飞向阳极的过程中与气体分子碰撞而使气体电离，可增加光电管的灵敏度。用作光电阴极的金属有碱金属、汞、金、银等，可适合不同波段的需要。光电管灵敏度低、体积大、易破损，已被固体光电器件所代替。

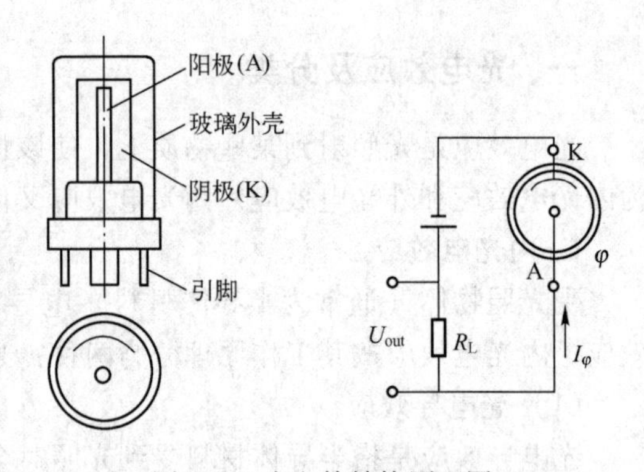

图4-1　光电管结构原理图

真空光电管（又称电子光电管）由封装于真空管内的光电阴极和阳极构成。当入射光线穿过光窗照到光阴极上时，由于外光电效应，光电子就从极层内发射至真空。在电场的作用下，光电子在极间作加速运动，最后被高电位的阳极接收，在阳极电路内就可测出光电流，其大小取决于光照强度和光阴极的灵敏度等因素。

按照光阴极和阳极形状和设置的不同，光电管一般可分为以下五种类型：

① 中心阴极型：这种类型阴极面积很小，受照光通量不大，仅适用于低照度探测和光子初速度分布的测量。

② 中心阳极型：这种类型阴极面积大，对入射聚焦光斑的大小限制不大；又由于光电子从光阴极飞向阳极的路程相同，电子渡越时间的一致性好；其缺点是光电子接收特性差，需要较高的阳极电压。

③ 半圆柱面阴极型：这种结构有利于增加极间绝缘性能和减少漏电流。

④ 平行平板极型：这种类型的特点是光电子从阴极飞向阳极基本上保持平行直线的轨迹，电极对于光线入射的一致性好。

⑤ 带圆筒平板阴极型：它的特点是结构紧凑、体积小、工作稳定。

充气光电管（又称离子光电管）由封装于充气管内的光阴极和阳极构成。它不同于真空光电管的是，光电子在电场作用下向阳极运动时与管中气体原子碰撞而发生电离现象。由电离产生的电子和光电子一起都被阳极接收，正离子却反向运动被阴极接收。因此在阳极电路内形成数倍于真空光电管的光电流。

充气离子光电管常用的电极结构有中心阴极型、半圆柱阴极型和平板阴极型。充气光电管最大缺点是在工作过程中灵敏度衰退很快，其原因是正离子轰击阴极而使发射层的结构破坏。充气光电管按管内充气不同可分为单纯气体型和混合气体型。单纯气体型的光电管多数充氩气，优点是氩原子量小，电离电位低，光电管的工作电压不高，有些管内充纯氦或纯氖，使工作电压提高。混合气体型的光电管常选氩氖混合气体，其中氩占 10% 左右。由于氩原子的存在使处于亚稳态的氖原子碰撞后即能恢复常态，因此减少了惰性。

（2）光电管的特性

① 光电管的伏安特性。在一定的光照射下，对光电器件的阴极所加电压与阳极所产生的电流之间的关系称为光电管的伏安特性。光电管的伏安特性曲线如图 4-2 所示。

② 光电管的光照特性。当光电管的阴极和阳极之间所加的电压一定时，光通量 Φ 与光电流 I_φ 之间的关系为光电管的光照特性。光照特性曲线的斜率称为光电管的灵敏度。光电管的光照特性曲线如图 4-3 所示。

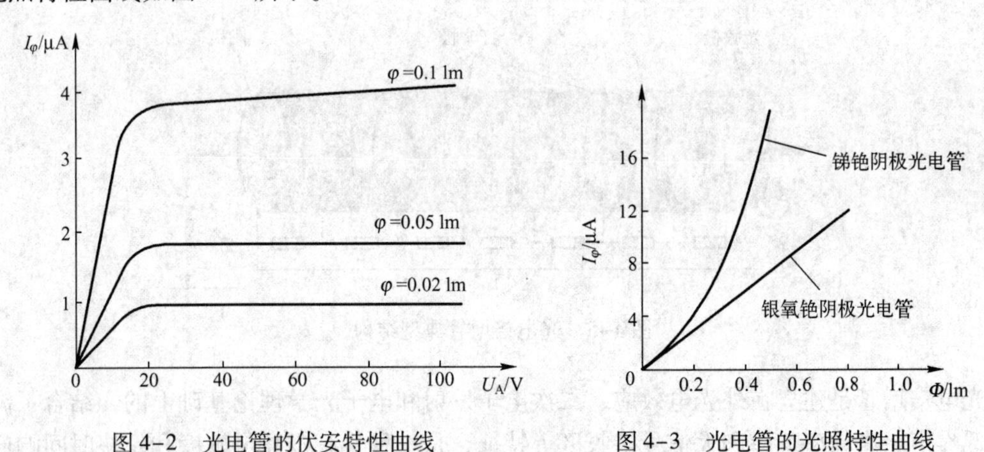

图 4-2　光电管的伏安特性曲线　　图 4-3　光电管的光照特性曲线

③ 光电管的光谱特性。光电管的光谱特性曲线如图 4-4 所示。一般光电阴极材料不同的光电管有不同的红限频率，因此它们可用于不同的光谱范围。

另外，同一光电管对于不同频率的光的灵敏度不同。以 GD－4 型光电管为例，阴极用锑铯材料制成，其红限波长 $\lambda_c = 700\,\mathrm{nm}$，对可见光范围的入射光灵敏度比较高。适用于白光光源，被应用于各种光电式自动检测仪表中。对红外光源，常用银氧铯阴极，构成红外探测器。对紫外光源，常用锑铯阴极和镁镉阴极。

2. 光电倍增管

光电倍增管可将微弱光信号通过光电效应转变成电信号，并利用二次发射电极转为电子

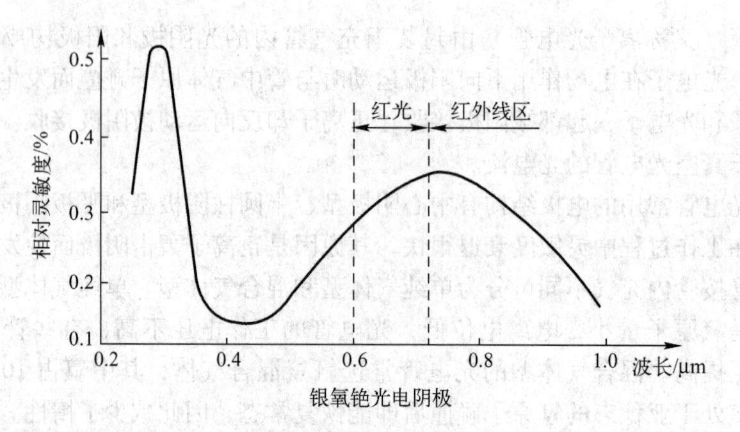

图 4-4　光电管的光谱特性曲线银氧铯光电阴极

倍增的电真空器件。

（1）光电倍增管的典型结构及工作原理

光电倍增管典型结构如图 4-5 所示。光电倍增管可分成四个主要部分，分别是：光电阴极、电子光学输入系统、电子倍增系统、阳极。

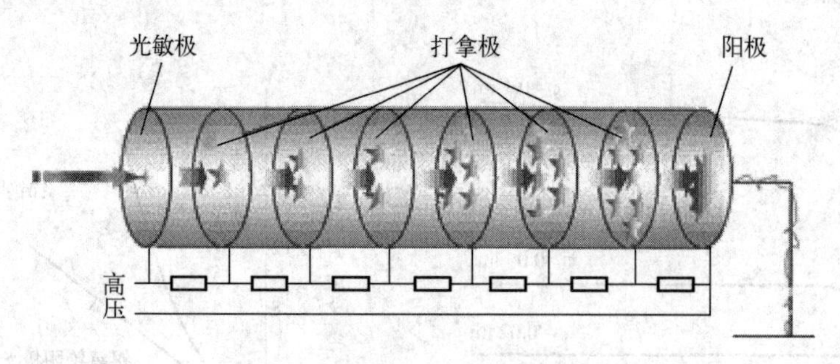

图 4-5　光电倍增管典型结构

光电倍增管是建立在外光电效应、二次电子发射和电子光学理论基础上的，结合了高增益、低噪声、高频率响应和大信号接收区等特征，是一种具有极高灵敏度和超快时间响应的光敏电真空器件，可以工作在紫外、可见和近红外区的光谱区。光电倍增管是进一步提高光电管灵敏度的光电转换器件。管内除光电阴极和阳极外，两极间还放置多个瓦形倍增电极（又称“打拿极”），使用时相邻两倍增电极间均加有电压用来加速电子，光电阴极受光照后释放出光电子，在电场作用下射向第一倍增电极，引起电子的二次发射，激发出更多的电子，然后在电场作用下飞向下一个倍增电极，又激发出更多的电子，如此电子数不断倍增，阳极最后收集到的电子可增加 10^4 ～ 10^8 倍，这使光电倍增管的灵敏度比普通光电管要高得多，可用来检测微弱光信号。光电倍增管高灵敏度和低噪声的特点使它在光测量方面获得广泛应用。日盲紫外光电倍增管对日盲紫外区以外的可见光、近紫外等光谱辐射不灵敏，具有噪声低（暗电流小于1 nA）、响应快、接收面积大等特点。

光电倍增管结构原理图如图4-6所示。图中K为光电阴极，A为光电阳极，在二者之间又加入D_1、D_2、D_3等若干个光电倍增极（又称二次发射极），这些倍增极涂有Sb－Cs或Ag－Mg等光敏物质。在工作时，这些电极的电位是逐级增高的，当光线照射到光电阴极后，它产生的光电子受第一级倍增极D_1正电位作用，加速并打在这个倍增极上，产生二次发射；由第一倍增极D_1产生的二次发射电子，在更高电位的D_2极作用下，又将加速入射到电极D_2上，在D_2极上又将产生二次发射，这样逐级前进，一直到达阳极A为止。由上述的工作过程可见，光电流是逐级递增的，因此光电倍增管具有很高的灵敏度。

（2）光电倍增管的分类

光电倍增管倍增方式分打拿极型和MCP型两种。

① 打拿极型光电倍增管由光阴极、倍增级（打拿极）和阳极等组成，由玻璃封装，内部高真空。其倍增级又由一系列倍增极组成，每个倍增极工作在前级更高的电压下。打拿极型光电倍增管接收光方式分端窗和侧窗两种。

打拿极型光电倍增管的工作原理：光子撞击光阴极材料，克服了光阴极的功函数后产生光电子，经电场加速聚焦后，带着更高的能量撞击第一级倍增管，发射更多的低能量的电子，这些电子依次被加速向下级倍增极撞击，导致一系列的几何级倍增，最后电子到达阳极，电荷累计形成的尖锐电流脉冲可表征输入的光子。

② MCP型光电倍增管均为端窗光电倍增管，其组成包括入光窗、光阴极、电子倍增极和电子收集极（阳极）等。

（3）光电倍增管的主要参数

① 倍增系数M。

② 光电阴极灵敏度和光电倍增管的总灵敏度。

光电倍增管的倍增如图4-7所示。

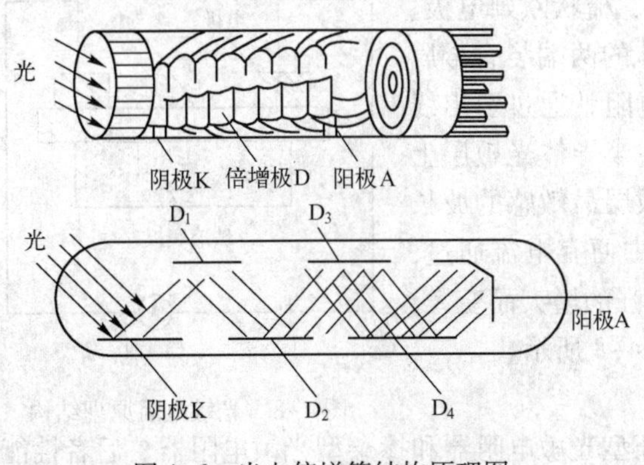

图4-6　光电倍增管结构原理图

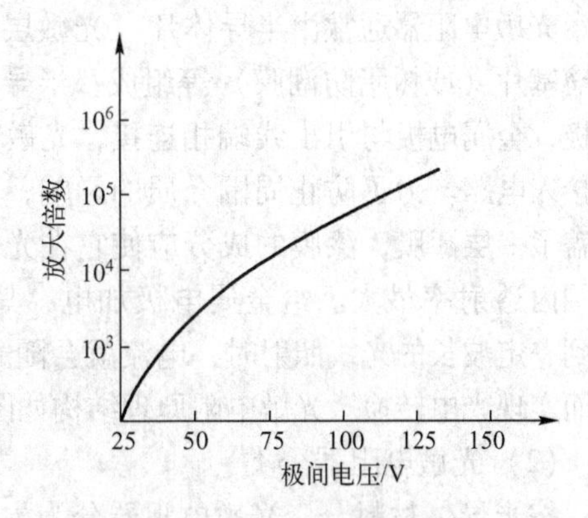

图4-7　光电倍增管的倍增

（4）光电倍增管的应用

光电倍增管能在低能级光度学和光谱学方面测量波长 200 ～ 1 200 nm 的极微弱辐射功率。闪烁计数器的出现，扩大了光电倍增管的应用范围。激光检测仪器的发展与采用光电倍增管作为有效接收器密切有关。电视电影的发射和图像传送也离不开光电倍增管。光电倍增管广泛应用在冶金、电子、机械、化工、地质、医疗、核工业、天文和宇宙空间研究等领域。

由于光电倍增管增益高和响应时间短，输出电流和入射光子数成正比，所以被广泛使用在天体光度测量和天体分光光度测量中。测量精度高，可以测量比较暗弱的天体，还可以测量天体光度的快速变化。天文测光中，应用较多的是锑铯光阴极的倍增管，如 RCA1P21。这种光电倍增管的极大量子效率在 4 200 Å（$1\ \text{Å}=10^{-10}$ m）附近，为 20% 左右。还有一种双碱光阴极的光电倍增管，如 GDB－53，它的信噪比的数值较 RCA1P21 大一个数量级，暗流很低。为了观测近红外区，常用多碱光阴极和砷化镓阴极的光电倍增管，后者量子效率最大可达 50%。

普通光电倍增管一次只能测量一个信息，即通道数为 1。近来研制成多阳极光电倍增管，它相当于许多很细的倍增管组成的矩阵。由于通道数受阳极末端细金属丝的限制，目前只做到上百个通道。

3. 光敏电阻

光敏电阻器又称光导管，它几乎都是用半导体材料制成的光电器件。光敏电阻常用的半导体材料有硫化镉（CdS）和硒化镉（CdSe）。光敏电阻没有极性，是一个纯粹的电阻器件，使用时既可以加直流电压，也可以加交流电压。无光照时，光敏电阻值（暗电阻）很大，电路中电流（暗电流）很小。当光敏电阻受到一定波长范围的光照时，它的电阻（亮电阻）急剧减少，电路中电流迅速增大。一般希望暗电阻越大越好，亮电阻越小越好，此时光敏电阻的灵敏度高。实际光敏电阻的暗电阻一般在兆欧级，亮电阻一般在几千欧以下。

（1）光敏电阻器的结构

光敏电阻器通常由半导体片（光敏层）、梳状欧姆电极、玻璃基片（或树脂防潮膜）等组成，半导体的两端装有金属电极，金属电极与引出线端相连接，光敏电阻就通过引出线端接入电路。为了防止周围介质的影响，在半导体光敏层上覆盖了一层漆膜，漆膜的成分应使它在光敏层最敏感的波长范围内透射率最大。给金属电极加电，其中便有电流通过，受到一定波长的光线照射时，电流就会随光强的增大而变大，从而实现光电转换。光敏电阻原理结构如图 4-8 所示。

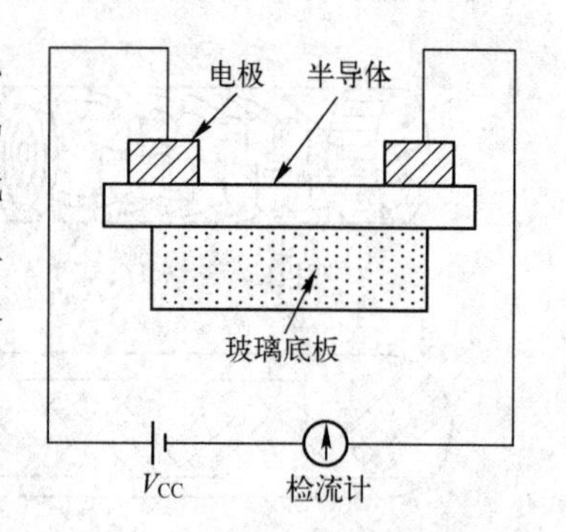

图 4-8　光敏电阻原理结构

（2）光敏电阻器分类

按半导体材料分，光敏电阻器分为本征型光敏电阻器和掺杂型光敏电阻器。后者性能稳定，特性较好，故使用较多。

根据光敏电阻的光谱特性，可分为三种光敏电阻器。

① 紫外光敏电阻器：对紫外线较灵敏，包括硫化镉、硒化镉光敏电阻器等，用于探测紫外线。

② 红外光敏电阻器：主要有硫化铅、碲化铅、硒化铅、锑化铟等光敏电阻器，广泛用于导弹制导、天文探测、非接触测量、人体病变探测、红外光谱、红外通信等国防和科学研究以及工农业生产中。

③ 可见光光敏电阻器：包括硒、硫化镉、硒化镉、碲化镉、砷化镓、硅、锗、硫化锌光敏电阻器等。主要用于各种光电控制系统，如光电自动开关门户、航标灯、路灯、其他照明系统的自动亮灭、自动给水和自动停水装置，以及机械上的自动保护装置、位置检测器、极薄零件的厚度检测器、照相机自动曝光装置、光电计数器、烟雾报警器、光电跟踪系统等方面。

（3）光敏电阻器的主要参数

① 光电流、亮电阻。光敏电阻器在一定的外加电压下，当有光照射时，流过的电流称为光电流，外加电压与光电流之比称为亮电阻，常用“100lx”表示。

② 暗电流、暗电阻。光敏电阻器在一定的外加电压下，当没有光照射的时候，流过的电流称为暗电流。外加电压与暗电流之比称为暗电阻，常用“0lx”表示。

③ 灵敏度。灵敏度是指光敏电阻器不受光照射时的电阻值（暗电阻）与受光照射时的电阻值（亮电阻）的相对变化值。

（4）光敏电阻器的基本特性

① 伏安特性：在一定照度下，流过光敏电阻器的电流与光敏电阻器两端电压的关系称为光敏电阻器的伏安特性，如图4-9所示，由图可见，光敏电阻器在一定的电压范围内，其 $U-I$ 曲线为直线，说明其电阻与入射光量有关，而与电压、电流无关。

② 光谱特性：光敏电阻器的相对光敏灵敏度 S 与入射波长 λ 的关系称为光谱特性，又称光谱响应。不同材料光敏电阻器的光谱特性，对应于不同波长，光敏电阻器的灵敏度是不同的。光敏电阻器的光谱特性如图4-10所示。

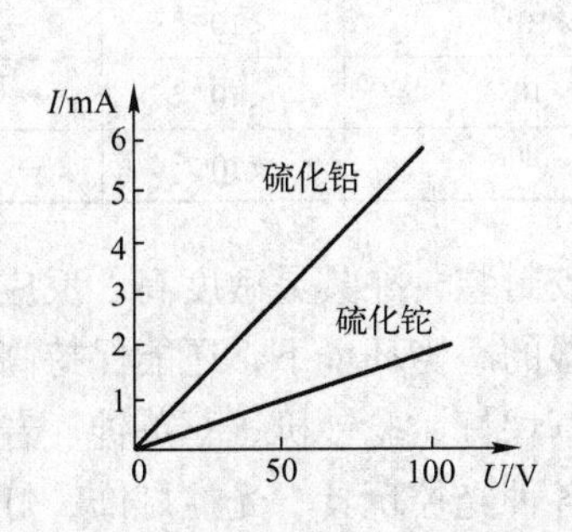

图4-9　光敏电阻器的伏安特性

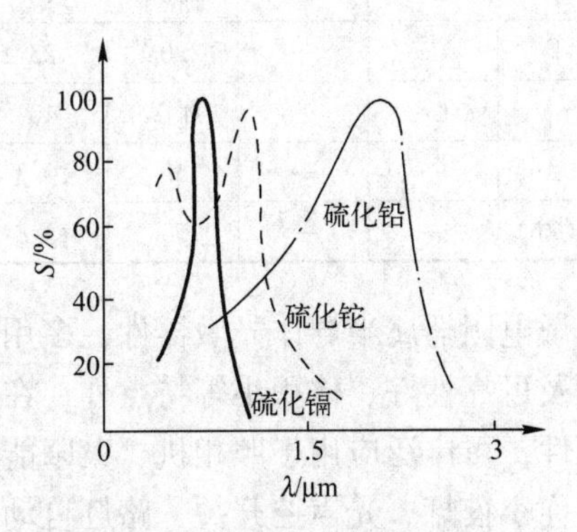

图4-10　光敏电阻器的光谱特性

从图 4-10 中可见，硫化镉光敏电阻器的光谱响应的峰值在可见光区域，常被用作光度量测量（照度计）的探头；而硫化铅光敏电阻器响应于近红外和中红外区，常用作火焰探测器的探头。

③ 温度特性：温度变化影响光敏电阻器的光谱响应，同时，光敏电阻器的灵敏度和暗电阻都要改变，尤其是响应于红外区的硫化铅光敏电阻器受温度影响更大。硫化铅光敏电阻器的光谱温度特性曲线的峰值随着温度上升向波长短的方向移动。因此，硫化铅光敏电阻器要在低温、恒温的条件下使用。对于可见光的光敏电阻器，其温度影响要小一些。硫化铅光敏电阻器的温度特性如图 4-11 所示。

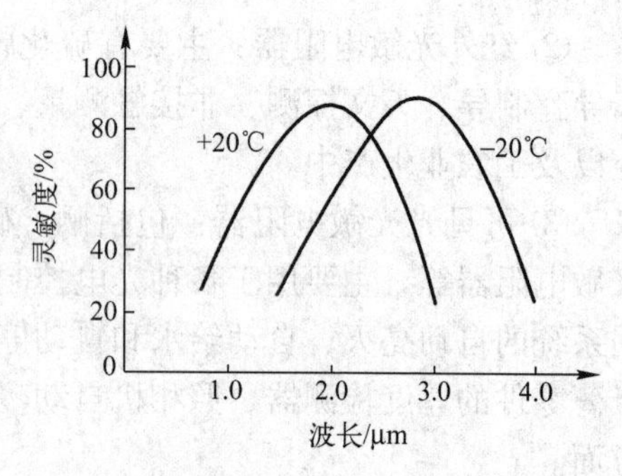

图 4-11　硫化铅光敏电阻的温度特性

几种材料光敏电阻器的特性参数如表 4-1 所示。

表 4-1　几种材料光敏电阻的特性参数

型　号	材 料	面积 /mm²	工作温度 /K	长波限 /μm	峰值探测率 /（cm·W⁻¹）	响应时间 /s	暗电阻 /MΩ	亮电阻值（100 lx） /kΩ
MG41-21	CdS	ϕ9.2	233～343	0.8	—	$\leqslant 2\times10^{-2}$	≥0.1	≤1
MG42-04	CdS	ϕ7	248～328	0.4	—	$\geqslant 5\times10^{-2}$	≥1	≤10
P397	PbS	5×5	298	298	2×10^{10} [1300，100，1]	$1\sim4\times10^{-4}$	2	—
P791	PbSe	1×5	298	—	1×10^{9} [λ_m，100，1]	2×10^{-6}	2	—
9903	PbSe	1×3	263	—	3×10^{9} [λ_m，100，1]	10^{-5}	3	—
OE-10	PbSe	10×10	298	—	2.5×10^{9}	1.5×10^{-6}	4	—
OTC-3MT	InSb	2×2	253	—	6×10^{8} [λ_m，100，1]	4×10^{-6}	4	—
Ge（Au）	Ge	—	77	8.0	1×10^{10}	5×10^{-8}	—	—
Ge（Hg）	Ge	—	38	14	4×10^{10}	1×10^{-9}	—	—
Ge（Cd）	Ge	—	20	23	4×10^{10}	5×10^{-8}	—	—
Ge（Zn）	Ge	—	4.2	40	5×10^{10}	$<10^{-6}$	—	—
Ge-Si（Au）	—	—	50	10.3	8×10^{9}	$<10^{-6}$	—	—
Ge-Si（Zn）	—	—	50	13.8	10^{10}	$<10^{-6}$	—	—

光敏电阻器属半导体光敏器件，多用环氧树脂胶封装，除具灵敏度高、反应速度快、光谱特性及可靠性好、体积小等特点外，在高温、多湿的恶劣环境下，还能保持高度的稳定性和可靠性，可广泛应用于照相机、太阳能庭院灯、草坪灯、验钞机、石英钟、音乐杯、礼品盒、迷你小夜灯、光声控开关、路灯自动开关以及各种光控玩具、光控灯饰、灯具等光自动开关控制领域。

光敏电阻器的缺点是受温度影响较大，响应速度不快，在毫秒到秒之间，延迟时间受入射光的光照度影响，是耗材。

4. 光电二极管和光电晶体管

(1) 光电二极管和光电晶体管结构原理

光电二极管（又称光敏二极管）的结构和图形符号如图 4-12 所示。其结构与一般二极管相似，它装在透明玻璃外壳中，其 PN 结装在管的顶部，可以直接受到光照射，光电二极管在电路中一般是处于反向工作状态，在没有光照射时，反向电阻很大，反向电流很小，这个反向电流称为暗电流。当光照射在 PN 结上时，光子打在 PN 结附近，使 PN 结附近产生光生电子和光生空穴对。它们在 PN 结处的内电场作用下做定向运动，形成光电流。光的照度越大，光电流越大。因此光电二极管在不受光照射时，处于截止状态；受光照射时，处于导通状态。光电二极管的电路如图 4-13 所示。

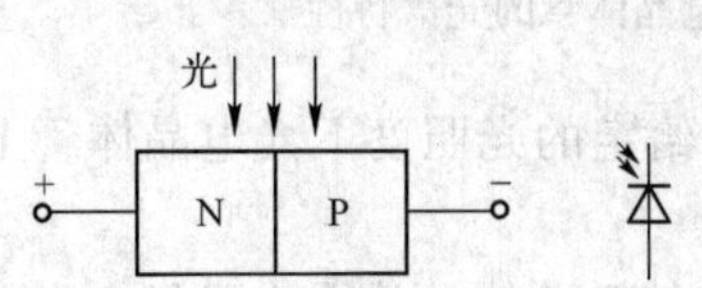

图 4-12　光电二极管的结构和图形符号

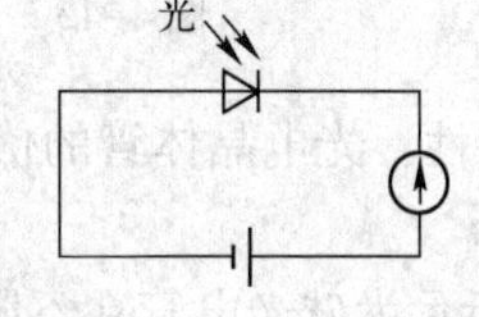

图 4-13　光电二极管的电路

光敏晶体管（又称光敏晶体管）与一般晶体管相似，具有两个 PN 结，只是它的发射极一边做得很大，以扩大光的照射面积。NPN 型光电晶体管的结构简图和基本电路如图 4-14 所示。

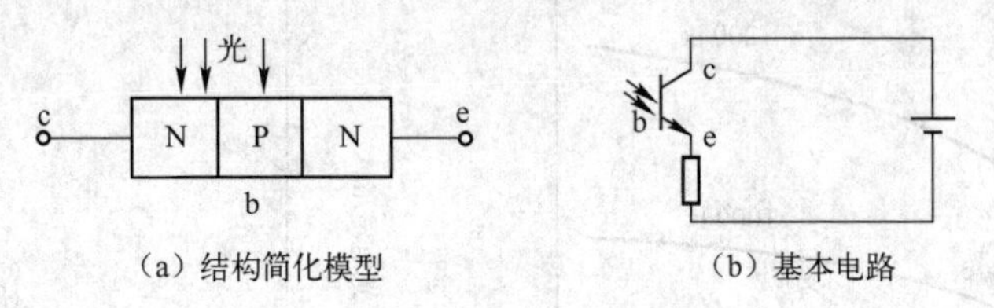

(a) 结构简化模型　　(b) 基本电路

图 4-14　NPN 型光电晶体管的结构简图和基本电路

大多数光电晶体管的基极无引出线，当集电极加上相对于发射极为正的电压而不接基极时，集电结就是反向偏压；当光照射在集电结上时，就会在结附近产生电子-空穴对，从而形成光电流，相当于晶体管的基极电流，由于基极电流的增加，因此集电极电流是光生电流的 β 倍，所以光敏晶体管有放大作用。

光电二极管和光电晶体管的制作材料几乎都是硅（Si）。在形态上有单体型和集合型，集合型是在一块基片上有两个以上光电二极管，比如在后面讲到的 CCD 图像传感器中的光耦合器，就是由光敏晶体管和其他发光元件组合而成的。

(2) 基本特性

① 光谱特性：光电二极管和光电晶体管的光谱特性曲线如图 4-15 所示。从曲线可以看出，硅管的相对灵敏度峰值波长约为 0.9 μm，锗管的相对灵敏度峰值波长约为 1.5 μm，此

时灵敏度最大；而当入射光的波长 λ 增加或缩短时，相对灵敏度也下降。一般来讲，锗管的暗电流较大，因此性能较差，故在可见光或探测炽热状态物体时，一般都用硅管。但对红外光进行探测时，锗管较为适宜。

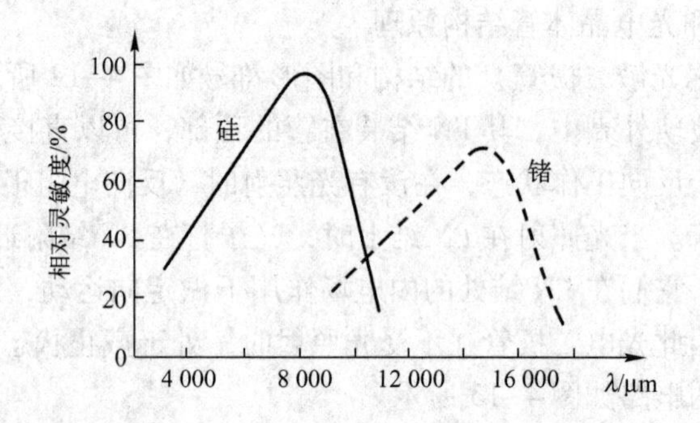

图 4-15　光电二极管和光电晶体管的光谱特性

② 伏安特性：光电晶体管的伏安特性是指在给定的光照度下光电晶体管上的电压与光电流的关系。

图 4-16 所示为硅光电管在不同照度下的伏安特性曲线。从图中可见，光电晶体管的光电流比相同管型的二极管大上百倍。

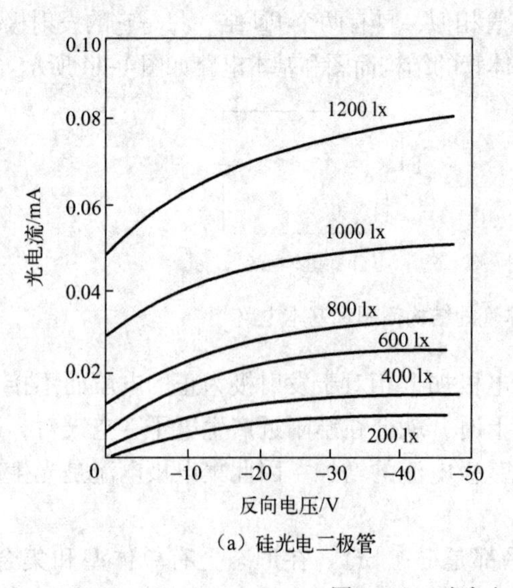

（a）硅光电二极管

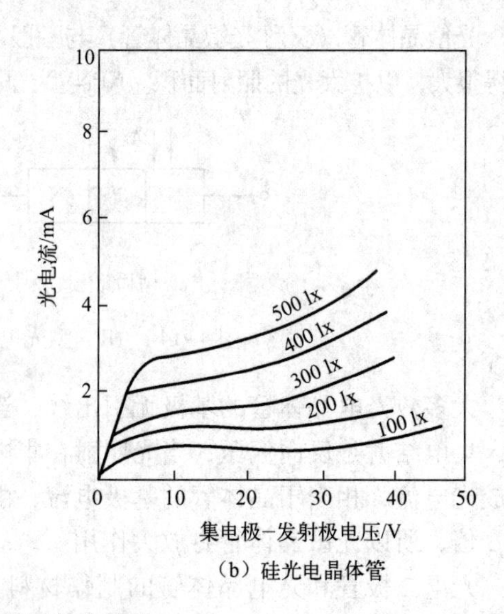

（b）硅光电晶体管

图 4-16　硅光电晶体管的伏安特性

③ 温度特性：光电晶体管的温度特性是指其暗电流及光电流与温度的关系。从光电晶体管的温度特性曲线如图 4-17 所示。特性曲线可以看出，温度变化对光电流影响很小，而对暗电流影响很大，所以在电子线路中应该对暗电流进行温度补偿，否则将会导致输出误差。

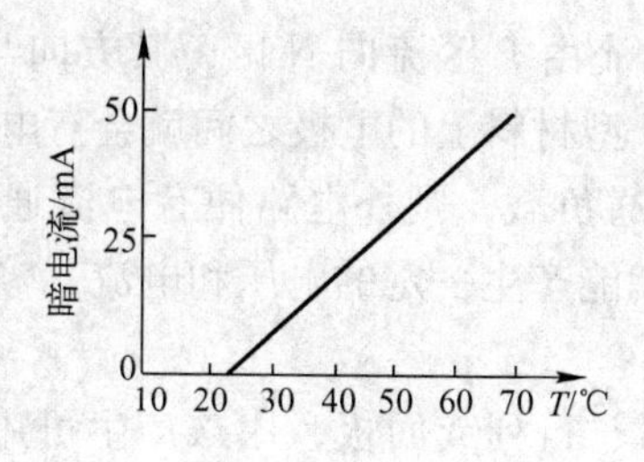

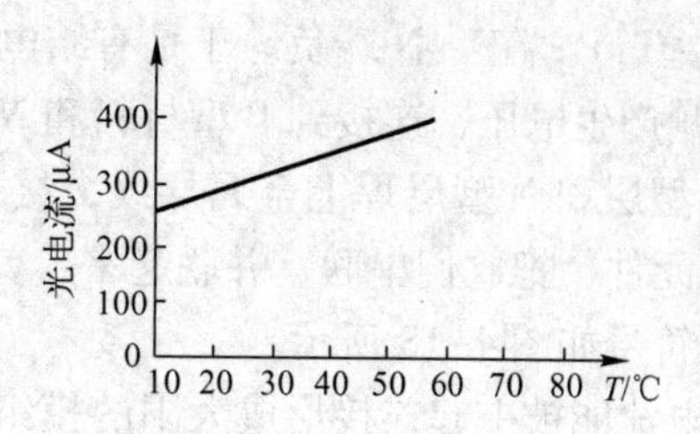

图4-17　光敏晶体管的温度特性

表4-2列出了几种硅光电二极管的特性参数。

表4-2　几种硅光电二极管的特性参数

型号或名称	光谱范围/μm	峰值波长/μm	灵敏度/(μA/μW)	响应时间/s	探测本领
2DU	0.4～1.1	0.9	>0.4	10^{-7}	最小可探测功率 $P_{min}=10^{-8}$ W
2CU	0.4～1.1	0.9	>0.5	10^{-7}	$P_{min}=10^{-8}$ W
$2DU_L$	0.4～1.1	1.06	>0.6	5×10^{-9}	—
硅复合光电二极管	0.4～1.1	0.9	>0.5	$\leqslant10^{-9}$	—
硅雪崩光电二极管	0.4～1.1	0.8～0.86	>30	10^{-9}	NEP $=5\times10^{-14}$ W
锗光电二极管	0.4～1.9	1.5	>0.5	10^{-7}	—

5. 光电池

光电池是利用光伏效应制成的检测光辐射的器件，是一种在光的照射下产生电动势的半导体元件，是一种特殊的半导体二极管，能将可见光转化为直流电，电路中有了这种器件就不需要外加电源，有的光电池还可以将红外光和紫外光转化为直流电。

(1) 光电池的工作原理

最早的光电池是用掺杂的氧化硅来制作的，现在CIS、CdTe和GaAs也被开发用来作为光电池的材料。有两种基本类型的半导体材料，分别称为正电型（或P型态）和负电型（或N型态），在一个PV电池中，这些材料的薄片被一起放置，而且它们之间的实际交界称为PN结。通过这种结构方式，PN结暴露于可见光，红外光或紫外线下，当射线照射到PN结的时候，光伏发电，当PN结受光照时，对光子的本征吸收和非本征吸收都将产生光生载流子，但能引起光伏效应的只能是本征吸收所激发的少数载流子，因P区产生的光生空穴，N区产生的光生电子属多子，都被势垒阻挡而不能过结，只有P区的光生电子和N区的光生空穴和结区的电子-空穴对（少子）扩散到结电场附近时能在内建电场作用下漂移过结。光生电子被拉向N区，光生空穴被拉向P区，即电子空穴对被内建电场分离。这导致在N区边界附近有光生电子积累，在P区边界附近有光生空穴积累。它们产生一个与热平衡PN结的内建电场方向相反的光生电场，其方向由P区指向N区。此电场使势垒降低，其减小量即光生电势差，P 端正、N 端负。于是有结电流由 P 区流向 N 区，其方向与光电流相反。在 PN 结的两侧产生电压，连接到 P 型材料和 N 型材料上的电极之间就会有电流通过。如果这时分别在 P 型层和 N 型层焊上金属导线，接通负载，则外电路便有电流通过，如此形成的一个个电池元件，把它们串联、并联起来，就能产生一定的电压和电流，输出功率。硅光电池原理图及符号如图 4-18 所示。

一套 PV 电池能被一起连接形成太阳的模组、行列或面板，用来产生可用电能的 PV 电池就是光电伏特计。一个大面积的 PN 结，光照下产生的电子－空穴对向两级扩散，形成与光照强度有关的电动势。

（2）光电池的基本特性

① 光谱特性：光电池对不同波长的光的灵敏度是不同的。图 4-19 所示为硅光电池和硒光电池的光谱特性曲线。从图中可知，不同材料的光电池，光谱响应峰值所对应的入射光波长是不同的，硅光电池在 0.8 μm 附近，硒光电池在 0.5 μm 附近，硅光电池的光谱响应波长范围为 0.4 ～ 1.2 μm，而硒光电池的范围只能为 0.38 ～ 0.75 μm，可见硅光电池可以在很宽的波长范围内得到应用。

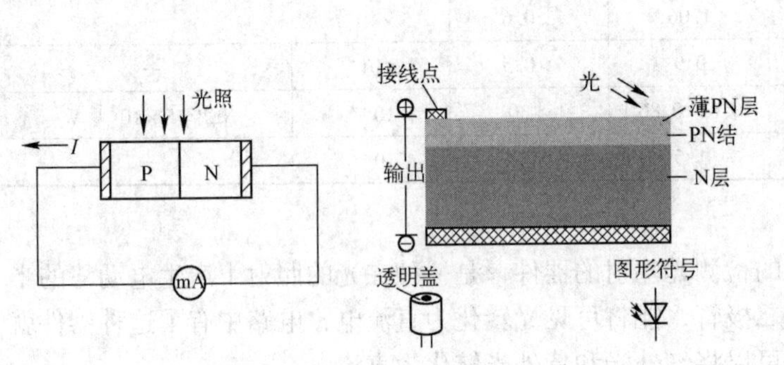

图 4-18　硅光电池原理图及符号

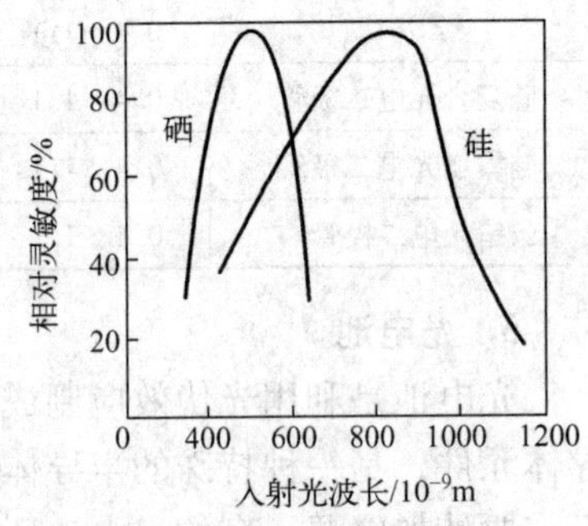

图 4-19　硅光电池和硒光电池的光谱特性曲线

② 光照特性：光电池在不同光照度下，光电流和光生电动势是不同的，它们之间的关系就是光照特性。图 4-20 所示为硅光电池的开路电压和短路电流与光照的关系曲线。从图中看出，短路电流在很大范围内与光照强度呈线性关系，开路电压（负载电阻 R_L 无限大时）与光照度的关系是非线性的，并且当照度在 2 000 lx 时就趋于饱和了。因此当把电池作为测量元件时，应把它当作电流源的形式来使用，不能用作电压源。

③ 温度特性：光电池的温度特性是描述光电池的开路电压和短路电流随温度变化的情况。由于它关系到应用光电池的仪器或设备的温度漂移，影响到测量精度或控制精度等重要指标，因此温度特性是光电池的重要特性之一。开路电压随温度升高而下降的速度较快，而短路电流随温度升高而缓慢增加。由于温度对光电池的工作有很大影响，因此把它作为测量器件应用时，最好能保证温度恒定或采取温度补偿措施。

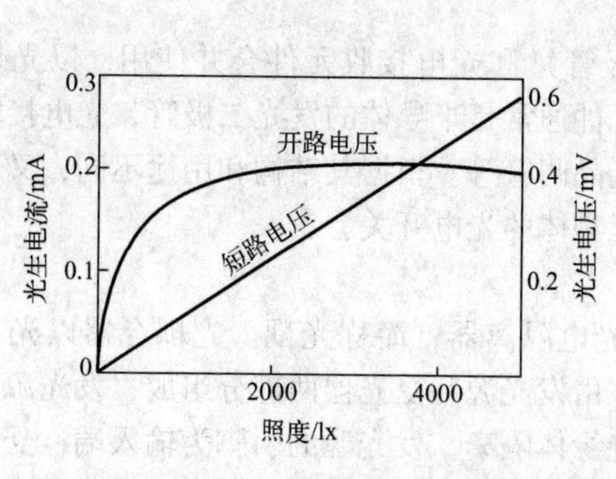

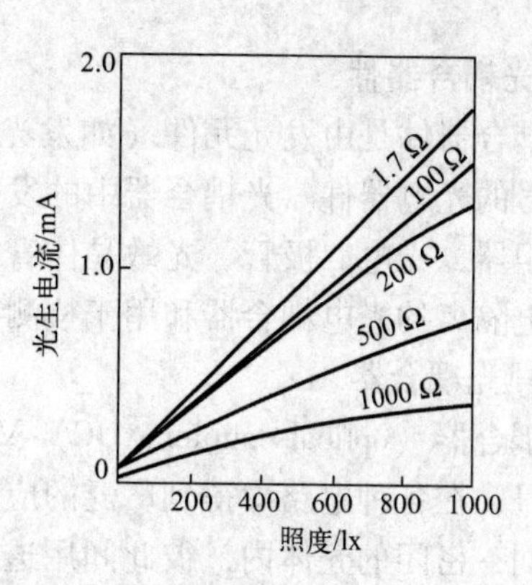

图4-20　硅光电池的开路电压和短路电流与光照的关系

表4-3所示为国产硅光电池的特性参数。表中可见，硅光电池的最大开路电压为600 mV，在照度相等的情况下，光敏面积越大，输出的光电流也越大。

表4-3　国产硅光电池的特性参数

型　　号	开路电压 /mV	短路电流 /mA	输出电流 /mA	转换效率 /%	面积或直径 /mm^2
2CR11	450～600	2～4	—	>6	2.5×5
2CR21	450～600	4～8	—	>6	5×5
2CR31	450～600	9～15	6.5～8.5	6～8	5×10
2CR32	550～600	9～15	8.6～11.3	8～10	5×10
2CR33	550～600	12～15	11.4～15	10～12	5×10
2CR34	550～600	12～15	15～17.5	>12	5×10
2CR41	450～600	18～30	17.6～22.5	6～8	10×10
2CR42	500～600	18～30	22.5～27	8～10	10×10
2CR43	550～600	23～30	27～30	10～12	10×10
2CR44	550～600	27～30	27～35	>12	10×10
2CR51	450～600	36～60	35～45	6～8	10×20
2CR52	500～600	36～60	45～54	8～10	10×20
2CR53	550～600	45～60	54～60	10～12	10×20
2CR54	550～600	54～60	54～60	>12	10×20
2CR61	450～600	40～65	30～40	6～8	ϕ17
2CR62	500～600	40～65	40～51	8～10	ϕ17
2CR63	550～600	51～65	51～61	10～12	ϕ17
2CR64	550～600	61～65	51～65	>12	ϕ17
2CR71	450～600	72～120	54～120	>6	20×20
2CR81	450～600	88～140	66～85	6～8	ϕ25
2CR82	500～600	88～140	86～110	8～10	ϕ25
2CR83	550～600	110～140	110～132	10～12	ϕ25
2CR84	550～600	132～140	132～140	>12	ϕ25
2CR91	450～600	18～30	13.5～30	>6	5×20
2CR101	450～600	173～288	130～288	>6	ϕ35

6. 光耦合器件

光耦合器件是由发光元件（如发光二极管）和光电接收元件合并使用，以光作为媒介传递信号的光电器件。光耦合器中的发光元件通常是半导体的发光二极管，光电接收元件有光敏电阻器、光电二极管、光敏晶体管或光晶闸管等。根据其结构和用途不同，又可分为用于实现电隔离的光电耦合器和用于检测有无物体的光电开关。

（1）光耦合器

光耦合器（optical coupler，OC）又称光电隔离器，简称光耦。光耦合器以光为媒介传输电信号，在各种电路中得到广泛的应用，由发光源和受光器两部分组成，发光源和受光器组装在同一密闭的壳体内，彼此间用透明绝缘体隔离。发光源的引脚为输入端，受光器的引脚为输出端，常见的发光源为发光二极管，受光器为光电二极管、光电晶体管等等。输入的电信号驱动发光二极管，使之发出一定波长的光，被光探测器接收而产生光电流，再经过进一步放大后输出，这就完成了电－光－电的转换，光耦合器实际上是一个电量隔离转换器，具有抗干扰性能和单向信号传输功能，广泛应用在电路隔离、电平转换、噪声抑制、无触点开关及固态继电器等场合。一般有金属封装和塑料封装两种。光电耦合器常见的组合形式如图 4-21 所示，其图形符号如图 4-22 所示。

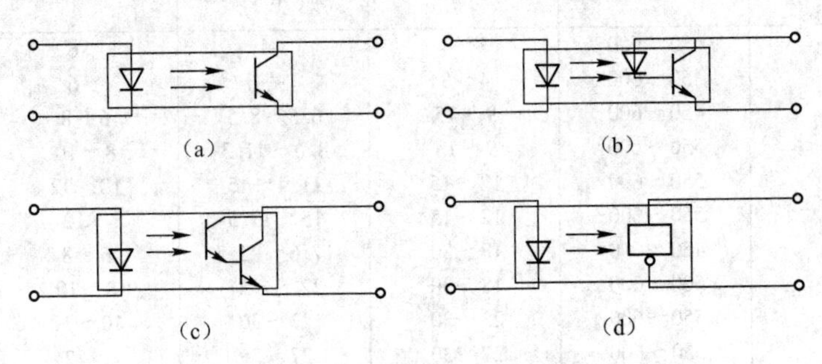

图 4-21　光电耦合器的组合形式

图 4-21（a）所示的组合形式结构简单、成本较低，且输出电流较大，可达 100 mA，响应时间为 3 ～ 4 μs。图 4-21（b）形式结构简单，成本较低、响应时间快，约为 1 μs，但输出电流小，在 50 ～ 300 μA 之间。图 4-21（c）形式传输效率高，但只适用于较低频率的装置中。图 4-21（d）是一种高速、高传输效率的新颖器件。对图中所示无论何种形式，为保证其有较佳的灵敏度，都考虑了发光与接收波长的匹配。

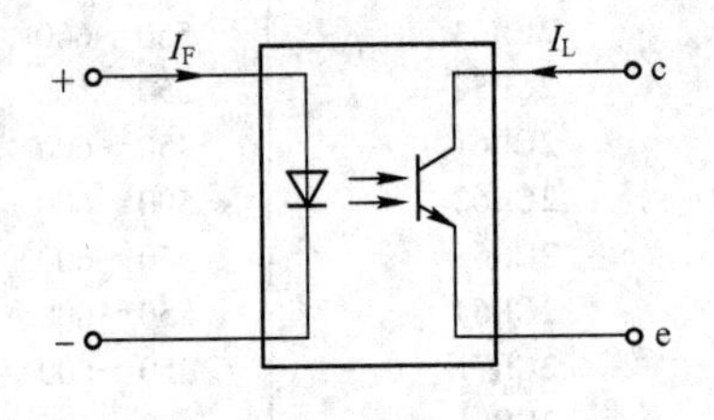

图 4-22　光耦合器的图形符号

PLC 连接使用中输入接口通过光耦合器，将生产设备的控制信号传送给 CPU。输出接口用于连接继电器、接触器、电磁阀线圈，PLC 有三种输出方式：继电器输出、晶体管输出、晶闸管输出，后两种都用光电隔离器。输入接口电路和输出方式图分别见图 4-23 和图 4-24。

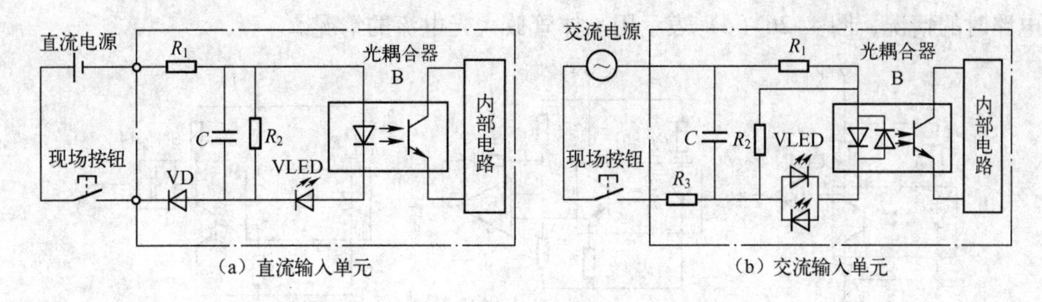

（a）直流输入单元　（b）交流输入单元

图 4-23　输入接口电路

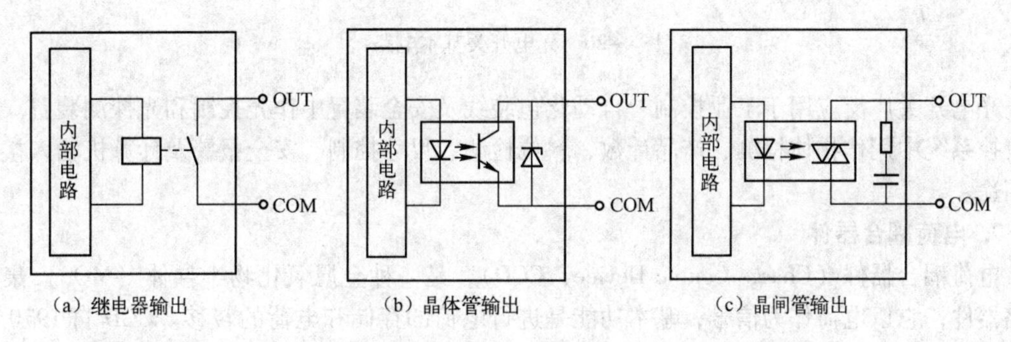

（a）继电器输出　（b）晶体管输出　（c）晶闸管输出

图 4-24　PLC 输出方式

（2）光电开关

光电开关是一种利用感光元件对变化的入射光加以接收，并进行光电转换，同时加以某种形式的放大和控制，从而获得最终的控制输出“开”“关”信号的器件。

图 4-25 所示为典型的光电开关结构图。图 4-25（a）是一种透射式的光电开关，它的发光元件和接收元件的光轴是重合的。当不透明的物体位于或经过它们之间时，会阻断光路，使接收元件接收不到来自发光元件的光，这样起到检测作用。图 4-25（b）是一种反射式的光电开关，它的发光元件和接收元件的光轴在同一平面且以某一角度相交，交点一般即为待测物所在处。当有物体经过时，接收元件将接收到从物体表面反射的光，没有物体时则接收不到。光电开关的特点是小型、高速、非接触，而且与 TTL、MOS 等电路容易结合。

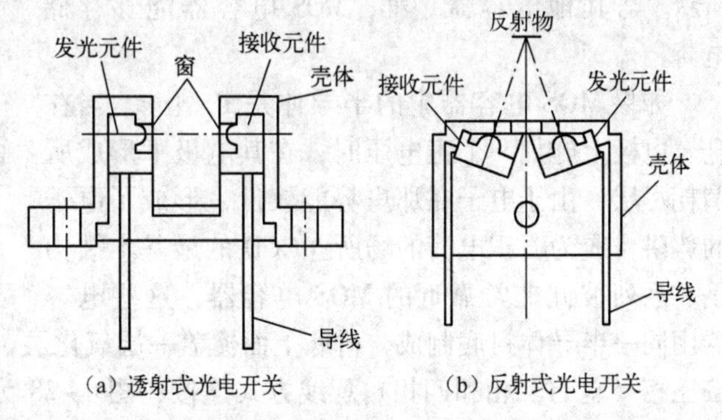

（a）透射式光电开关　（b）反射式光电开关

图 4-25　典型的光电开关结构

用光电开关检测物体时，大部分只要求其输出信号有“高－低”（1－0）之分即可。图 4-26所示为光电开关基本电路。图 4-26（a）、（b）表示负载为 CMOS 比较器等高输入阻抗电路时的情况，图 4-26（c）表示用晶体管放大光电流的情况。

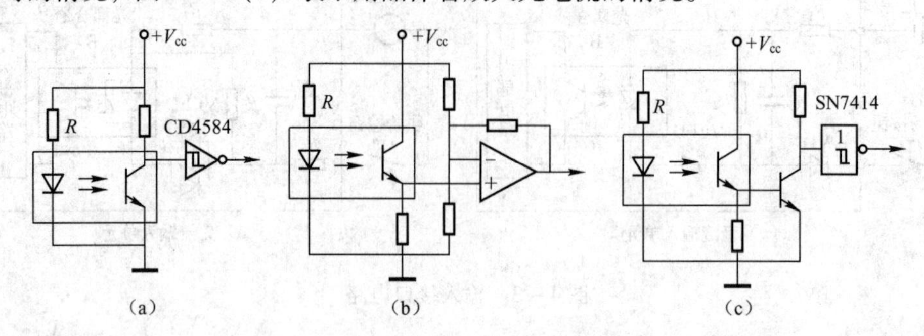

图 4-26　光电开关基本电路

光电开关广泛应用于工业控制、自动化包装线及安全装置中作光控制和光探测装置。可在自控系统中用作物体检测、产品计数、料位检测、尺寸控制、安全报警及计算机输入接口等用途。

7. 电荷耦合器件

电荷耦合器件（Charge Couple Device，CCD），是一种金属氧化物半导体（MOS）集成电路器件，它以电荷作为信号，基本功能是进行电荷的存储和电荷的转移。CCD 自 1970 年问世以来，由于其独特的性能而发展迅速，广泛应用于自动控制和自动测量，尤其适用于图像识别技术。

（1）CCD 原理

构成 CCD 的基本单元是 MOS 电容器，如图 4-27 所示。与其他电容器一样，MOS 电容器能够存储电荷。

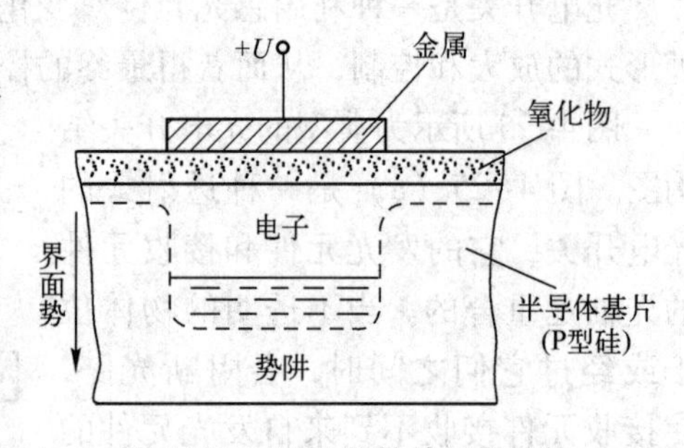

图 4-27　MOS 光敏单元的结构

如果 MOS 电容器中的半导体是 P 型硅，当在金属电极上施加一个正电压时，在其电极下形成所谓耗尽层，由于电子在那里势能较低，形成了电子的势阱，成为蓄积电荷的场所。CCD 的最基本结构是一系列彼此非常靠近的 MOS 电容器，这些电容器用同一半导体衬底制成，衬底上面覆盖一层氧化层，并在其上制作许多金属电极，各电极按三相（也有二相和四相）配线方式连接，图 4-28 为三相 CCD 时钟电压与电荷转移的关系。当电压从 φ_1 相移到 φ_2 相时，φ_1 相电极下势阱消失，φ_2 相电极下形成势阱。这样储存于 φ_1 相电极下势阱中的电荷移到邻近的 φ_2 相电极下势阱中，实现电荷的耦合与转移。

CCD 的信号是电荷，那么信号电荷是怎样产生的呢？CCD 的信号电荷产生有两种方式：光信号注入和电信号注入。CCD 用作固态图像传感器时，接收的是光信号，即光信号注入法。当光信号照射到 CCD 硅片表面时，在栅极附近的半导体体内产生电子－空穴对，其多数载流子（空穴）被排斥进入衬底，而少数载流子（电子）则被收集在势阱中，形成信号电荷，并存储起来。存储电荷的多少正比于照射的光强。所谓电信号注入，就是 CCD 通过输入结构对信号电压或电流进行采样，将信号电压或电流转换为信号电荷。

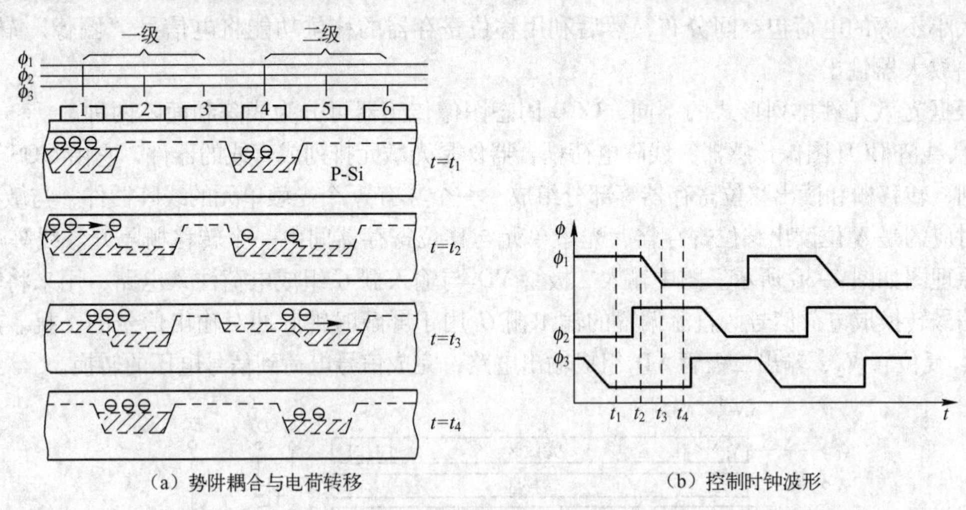

（a）势阱耦合与电荷转移　　（b）控制时钟波形

图 4-28　三相 CCD 时钟电压与电荷转移的关系

CCD 输出端有浮置扩散输出端和浮置栅极输出端两种形式，具体如图 4-29 所示。浮置扩散输出端是信号电荷注入末级浮置扩散的 PN 结之后，所引起的电位改变作用于 MOSFET 的栅极。这一作用结果必然调制其源－漏极间电流，这个被调制的电流即可作为输出。当信号电荷在浮置栅极下方通过时，浮置栅极输出端电位必然改变，检测出此改变值即为输出信号。

通过上述的 CCD 工作原理可看出，CCD 器件具有存储、转移电荷和逐一读出信号电荷的功能，因此 CCD 器件是固体自扫描半导体摄像器件，有效地应用于图像传感器。

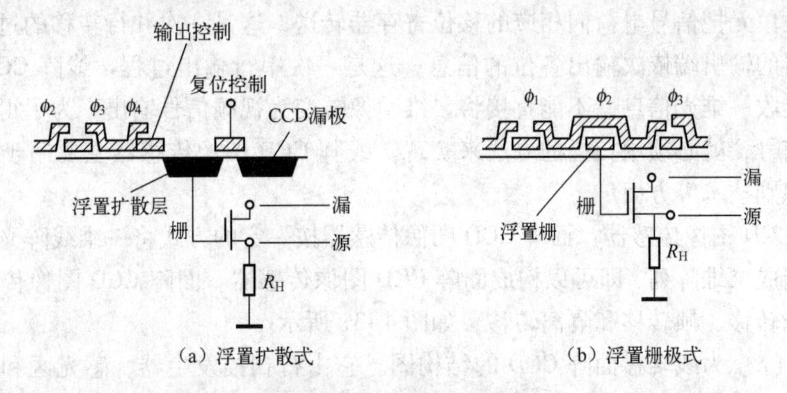

（a）浮置扩散式　　（b）浮置栅极式

图 4-29　CCD 输出端形式

（2）CCD 的应用（CCD 固态图像传感器）

电荷耦合器件用于固态图像传感器中，作为摄像或像敏的器件。CCD 固态图像传感器由感光部分和移位寄存器组成，感光部分是指在同一半导体衬底上布设的若干光敏单元组成的阵列元件，光敏单元简称“像素”。固态图像传感器利用光敏单元的光电转换功能将投射到光敏单元上的光学图像转换成电信号“图像”，即将光强的空间分布转换为与光强成比例的、大小不等的电荷包空间分布，然后利用移位寄存器的移位功能将电信号“图像”转送，经输出放大器输出。

根据光敏元件排列形式的不同，CCD 固态图像传感器可分为线阵和面阵两种。

① 线阵 CCD 图像传感器：线阵电荷耦合器件是光敏元排列成直线的器件，它由 MOS 光敏元阵列、转移栅和读出移位寄存器等部分组成，一个具有 N 个光敏单元的线阵器件，与敏感单元相对应的是 N 位读出移位寄存器，光敏单元与移位寄存器间由一个转移栅隔开。线阵 CCD 结构原理图如图 4-30 所示。图中输入二极管 VD_1 与输入栅 G_i 组成电荷注入电路，用来将输入的电信号转换成电荷信号。直流偏置的输出栅 G_o 用于屏蔽时钟脉冲对输出信号的干扰。放大管 V_1、复位管 V_2、输出二极管 VD_2 组成输出电路，完成信号电荷到信号电压的转换。

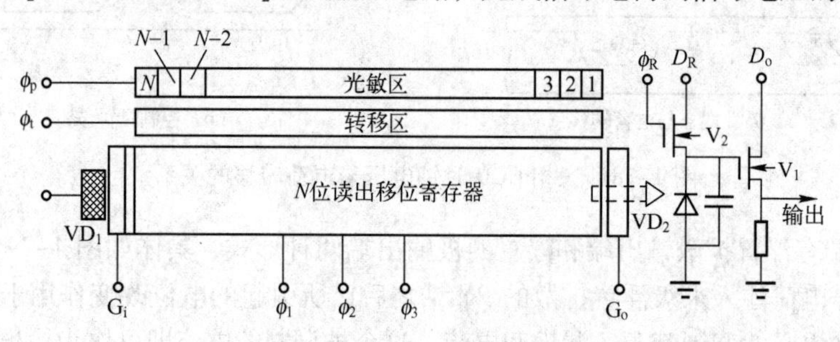

图 4-30 线阵 CCD 结构原理图

在每一个光敏元件上都有一个梳状公共电极，在光积分周期里，光敏电极电压为高电平，光电荷与光照强度和光积分时间成正比，光电荷存储于光敏单元的势阱中。当转移脉冲到来时，光敏单元把信号电荷向相应的移位寄存器转送，这是一次并行转移的过程。然后再从移位寄存器的输出端依次输出各位的信息，这是一次串行输出过程。线阵 CCD 图像传感器可以直接接收一维光信息，不能直接将二维图像转变为视频信号输出，为了得到整个二维图像的视频信号，就必须用扫描的方法来实现。线阵 CCD 图像传感器主要用于测试、传真和光学文字识别技术等方面。

② 面阵 CCD 图像传感器：面阵 CCD 图像传感器按一定的方式将一维线阵光敏单元及移位寄存器排列成二维阵列，即可以构成面阵 CCD 图像传感器。面阵 CCD 图像传感器有三种基本类型：线转移、帧转移和隔离转移，如图 4-31 所示。

图 4-31（a）为线转移面阵 CCD 的结构图。它由行扫描发生器、感光区和输出寄存器组成。行扫描发生器将光敏元件内的信息转移到水平（行）方向上，驱动脉冲将信号电荷一位位地按箭头方向转移，并移入输出寄存器，输出寄存器亦在驱动脉冲的作用下使信号电荷经输出端输出。这种转移方式具有有效光敏面积大、转移速度快、转移效率高等特点，但电路比较复杂，易引起图像模糊。

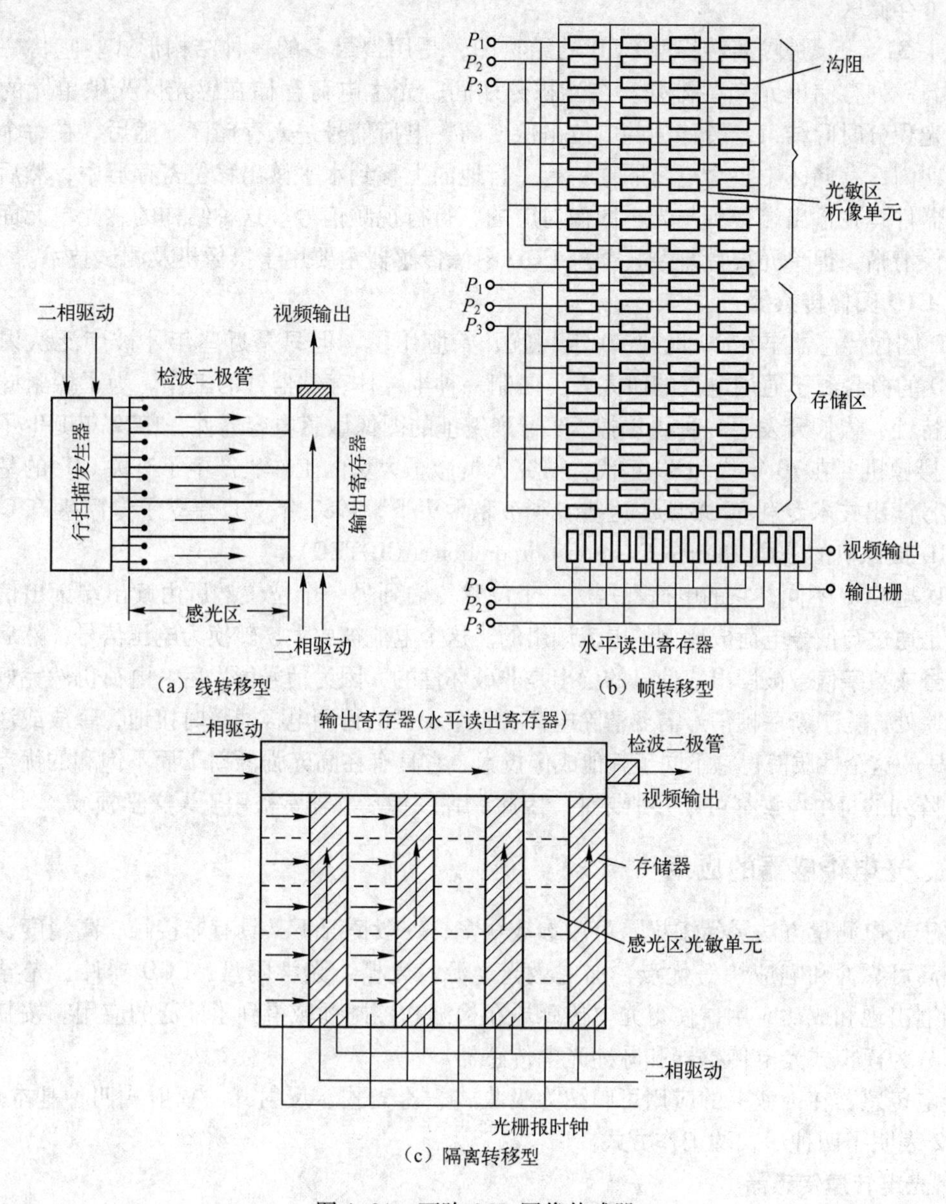

图 4-31　面阵 CCD 图像传感器

图 4-31（b）为帧转移面型 CCD 的结构图。它由光敏区（感光区）、存储区和水平读出寄存器三部分构成。图像成像到光敏区，当光敏区的某一相电极（如 P）加有适当的偏压时，光生电荷将被收集到这些光敏单元的势阱里，光学图像变成电荷包图像。当光积分周期结束时，信号电荷迅速转移到存储区中，经输出端输出一帧信息。当整帧视频信号自存储区移出后，就开始下一帧信号的形成，这种面型 CCD 的特点是结构简单、光敏单元密度高，

但增加了存储区。

图4-31（c）是隔离转移型CCD的结构图，是用得最多的一种结构形式。它将一列光敏单元与一列存储单元交替排列。在光积分期间，光生电荷存储在感光区光敏单元的势阱里；当光积分时间结束，转移栅的电位由低变高，电荷信号进入存储区。随后，在每个水平回扫周期内，存储区中整个电荷图像一行一行地向上移到水平读出移位寄存器中，然后移位到输出器件，在输出端得到与光学图像对应的一行行视频信号。这种结构的感光单元面积减小，图像清晰，但单元设计复杂，面阵CCD图像传感器主要用于摄像机及测试技术。

8. CID图像传感器

CID图像传感器早在20世纪70年代就开始应用了，但只是近些年才被广泛认识和应用，CID的概念源于通用电气的研究人员研制一种半导体存储器件的工作。为了探索硅的图像传感特性，人们开发了一种可以按XY行列编址的图像敏感电容器件，1972年诞生了第一个CID摄像机，在70年代和80年代，研究人员做了大量的工作，产生了有关CID的基础结构和信号读出技术专利30多项。这些专利被私人买下，1987年7月建立了专门生产CID器件及CID摄像机的公司Thermo Electron Corporation（CIDTEC）。

CID与CCD不同，它的电荷不是从一个位置传输到另一个位置然后由读出端读出信号电荷，而是通过与信号电荷成比例的电流读出的。这个电流被放大，转换为电压信号，然后作为视频信号或数字信号被读出。信号的读出是非破坏性的，因为信号读出后，电荷仍然完好无损地留在原处。为了新一帧信号需要清除电荷，每个像素的行列电极通瞬时接地，释放或注入电荷。CID的这个性质使得它不同于其他成像技术。它具有在高光强照射下而不饱和的优点，而且CID阵列的每个像素都可以分别寻址。因此CID图像传感器常被用于天文学领域。

三、光电传感器的应用

由于光电测量方法灵活多样，可测参数众多，一般情况下又具有非接触、高精度、高分辨率、高可靠性和响应快等优点，加之激光光源、光栅、光学码盘、CCD器件、光导纤维等的相继出现和成功应用，使得光电传感器在检测和控制领域得到了广泛的应用。按其接收状态可分为模拟式光电传感器和脉冲光电传感器。

光电传感器在工业上的应用可归纳为吸收式、遮光式、反射式、辐射式四种基本形式。图4-32表明了四种形式的工作方式。

1. 光电转速传感器

光电转速传感器结构示意图如图4-33所示。在待测转速轴上固定一带孔的转盘，在转盘一边由白炽灯产生恒定光，透过盘上小孔到达由光电晶体管组成的光电转换器上，转换成相应的电脉冲信号，经过放大整形电路输出整齐的脉冲信号，转速由该脉冲频率决定。

2. 火焰探测报警器

图4-34是采用硫化铅光敏电阻器为探测元件的火焰探测器电路图。硫化铅光敏电阻器的暗电阻为1 MΩ，亮电阻为0.2 MΩ（在光照度0.01 W/m^2下测试的），峰值响应波长为

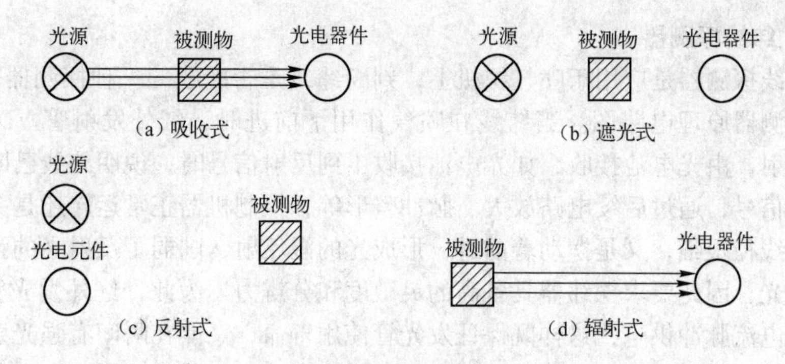

图 4-32　光电传感器四种工作方式

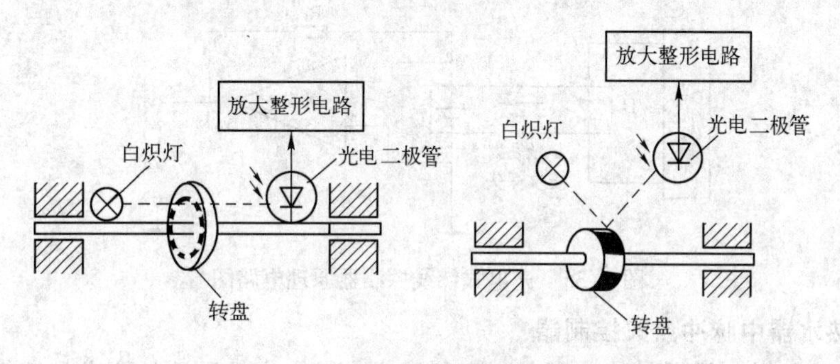

图 4-33　光电转速传感器结构示意图

2. 2 μm。硫化铅光敏电阻器处于 V_1 管组成的恒压偏置电路，其偏置电压约为 6 V，电流约为 6 μA。V_2 管集电极电阻器两端并联 68 μF 的电容器，可以抑制 100 Hz 以上的高频，使其成为只有几十赫的窄带放大器。V_2、V_3 构成二级负反馈互补放大器，火焰的闪动信号经二级放大后送给中心控制站进行报警处理。采用恒压偏置电路是为了在更换光敏电阻器或长时间使用后，元器件阻值的变化不至于影响输出信号的幅度，保证火焰报警器能长期稳定地工作。

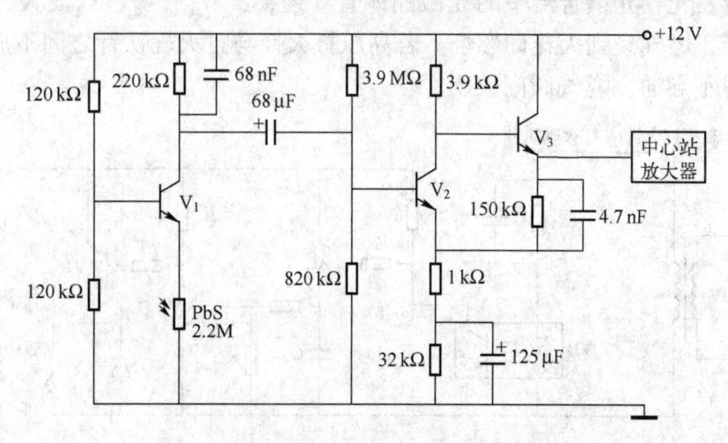

图 4-34　火焰探测器电路图

3. 光电式纬线探测器

光电式纬线探测器是应用于喷气织机上，判断纬线是否断线的一种探测器。图 4-35 为光电式纬线探测器原理电路图。当纬线在喷气作用下前进时，红外发射管 VD 发出的红外光，经纬线反射，由光电池接收，如光电池接收不到反射信号时，说明纬线已断。因此利用光电池的输出信号，通过后续电路放大、脉冲整形等，控制机器正常运转还是关机报警。

由于纬线线径很细，又是摆动着前进，形成光的漫反射，削弱了反射光的强度，而且还伴有背景杂散光，因此要求探纬器具备高的灵敏度和分辨力。为此，红外发光管 VD 采用占空比很小的强电流脉冲供电，这样既保证发光管使用寿命，又能在瞬间有强光射出，以提高检测灵敏度。一般来说，光电池输出信号比较小，需经放大、脉冲整形以提高分辨力。

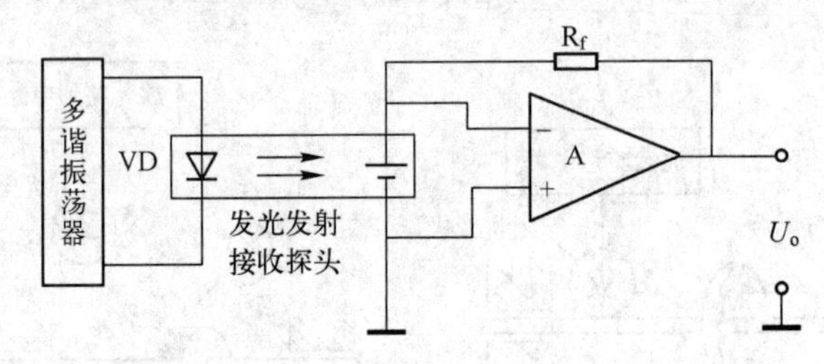

图 4-35　光电式纬线探测器原理电路图

4. 燃气热水器中脉冲点火控制器

由于煤气是易燃、易爆气体，所以对燃气器具中的点火控制器的要求是安全、稳定、可靠。为此电路中有这样一个功能，即打火确认针产生火花，才可打开燃气阀门；否则燃气阀门关闭，这样就保证使用燃气器具的安全性。

图 4-36 为燃气热水器中的高压打火确认电路原理图。在高压打火时，火花电压可达一万多伏，这个脉冲高电压对电路工作影响极大，为了使电路正常工作，采用光耦合器 VB 进行电平隔离，大大增强了电路抗干扰能力。当高压打火针对打火确认针放电时，光电耦合器中的发光二极管发光，光耦合器中的光敏晶体管导通，经 V_1、V_2、V_3 放大，驱动强吸电磁阀，将气路打开，燃气碰到火花即燃烧。若高压打火针与打火确认针之间不放电，则光耦合器不工作，V_1 等不导通，燃气阀门关闭。

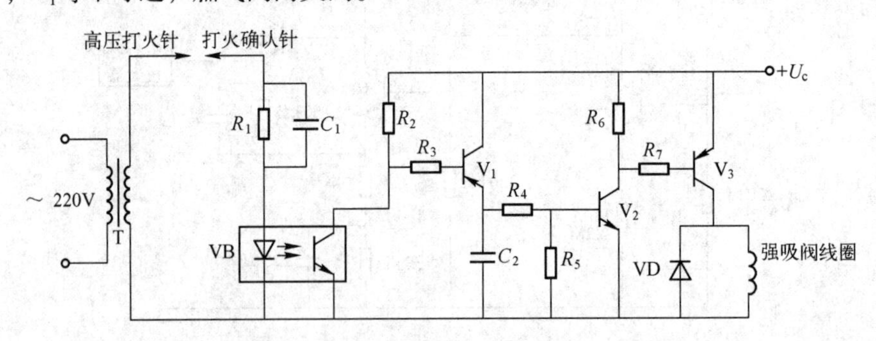

图 4-36　燃气热水器中的高压打火确认电路原理图

5. 烟尘浊度监测仪

烟囱里的烟尘浊度是通过光在烟囱里传输时的变化大小来检测的。如果烟尘浊度增加，那么光源发出的光被烟尘颗粒的吸收和折射就会增加，使到达接收端的光减少，因而光检测器输出的信号就会减弱；反之，烟尘浊度减少，光检测器输出的信号就会增强。吸收式烟尘浊度检测仪框图如图 4-37 所示。

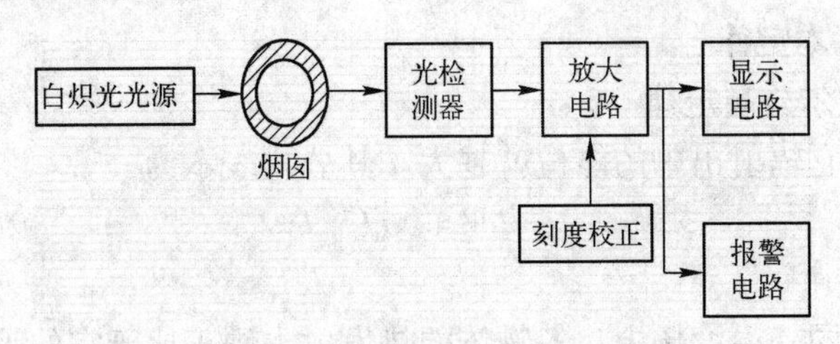

图 4-37　吸收式烟尘浊度检测仪框图

6. CCD 图像传感器应用

CCD 图像传感器在许多领域内获得广泛的应用。前面介绍的电荷耦合器件（CCD）具有将光像转换为电荷分布，以及电荷的存储和转移等功能，所以它是构成 CCD 固态图像传感器的主要光敏器件，取代了摄像装置中的光学扫描系统或电子束扫描系统。

CCD 图像传感器具有高分辨率和高灵敏度，具有较宽的动态范围，这些特点决定了它可以广泛用于自动控制和自动测量，尤其适用于图像识别技术。CCD 图像传感器在检测物体的位置、工件尺寸的精确测量及工件缺陷的检测方面有独到之处。

图 4-38 所示为应用线阵 CCD 图像传感器测量物体尺寸系统。物体成像聚焦在图像传感器的光敏面上，视频处理器对输出的视频信号进行存储和数据处理，整个过程由微机控制完成。根据几何光学原理，可以推导被测物体尺寸计算公式，即

$$D = np/M \tag{4-2}$$

式中，n 为覆盖的光敏像素数；p 为像素间距；M 为倍率。

微机可对多次测量求平均值，精确得到被测物体的尺寸。任何能够用光学成像的零件都可以用这种方法，实现不接触在线自动检测的目的。

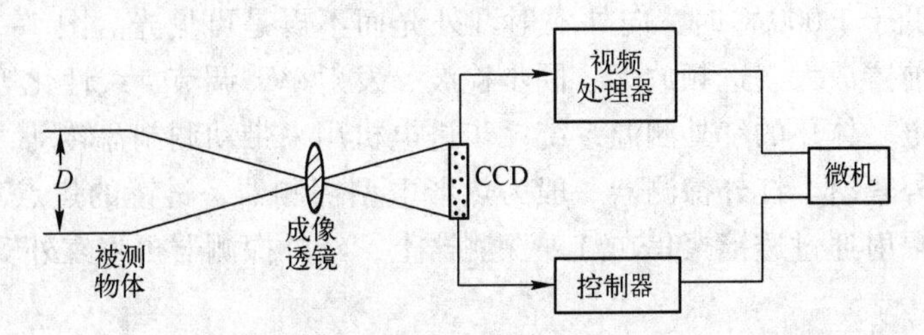

图 4-38　应用线阵 CCD 图像传感器测量物体尺寸系统

四、红外传感器

红外传感器是用来检测物体红外辐射的敏感器件。所谓红外辐射就是红外光，红外光是太阳光谱的一部分，其波长范围为0.76 ～ 1000 μm，红外线在电磁波谱中的位置。工程上又把红外线所占据的波段分为四部分：近红外、中红外、远红外和极远红外。

1. 红外辐射的基本定律

（1）斯忒藩－波尔兹曼定律

物体温度越高，它辐射出来的能量就越大。其公式表示为

$$W = \varepsilon\sigma T^4 \tag{4-3}$$

（2）基尔霍夫定律

若几个物体处于同一温度场中，各物体的热发射本领正比于它的吸收本领，这就是基尔霍夫定律。其公式表示为

$$E_r = aE_0 \tag{4-4}$$

（3）维恩位移定律

热辐射发射的电磁波中包含着各种波长。物体峰值辐射波长与物体自身的绝对温度成反比，即

$$\lambda T = a \tag{4-5}$$

红外传感器一般由光学系统、敏感元件（又称探测器）、前置放大器和信号调制器等组成。红外探测器是红外传感器的核心。红外探测器是利用红外辐射与物体相互作用所呈现的物理效应来探测红外辐射的。红外探测器的种类很多，按探测机理的不同，分为热探测器和光子探测器两大类。

2. 红外传感器的应用

（1）红外测温仪

红外测温仪特别适于高速运动体、旋转体、带电体和高温物体的温度检测，响应时间可达毫秒级甚至微秒级；灵敏度高，物体的辐射能量与温度的四次方成正比；准确度高，误差通常可达0.1℃以内；应用范围广，测温范围可从零下几十摄氏度至零上几千摄氏度。

当物体温度低于1 000℃时，向外辐射红外光而不再是可见光。图4-39是常见的红外测温仪框图，由前置放大、选频放大、同步检波、发射率ε调节、线性化等部分组成，是一个包括光、机、电一体化的红外测温系统。步进电机用来带动调制盘转动，将被测的红外辐射调成交变的红外辐射。红外探测器一般为热释电型探测器，透镜的焦点落在其光敏面上。被测目标的红外辐射通过透镜聚焦在红外探测器上，红外探测器再将红外辐射转换为电信号输出。

（2）红外气体分析仪

根据红外辐射在气体中的吸收带的不同，可以对气体成分进行分析。红外气体分析仪就是根据气体对红外线具有选择性吸收的特性来对气体成分进行分析的。不同气体吸收波段不

同，从气体对红外线的透射光谱中看出，CO 气体对波长为 4. 65 μm 附近的红外线具有很强的吸收能力，CO_2气体则对 2. 7 μm 和 4. 33 μm 附近及波长大于 14 μm 的红外线有较强的吸收能力。根据实验分析，只有 4. 33 μm 吸收带不受大气中其他成分的影响。因此可以利用该吸收带来判别大气中的 CO_2气体。几种气体对红外线的透射光谱如图 4-40 所示。

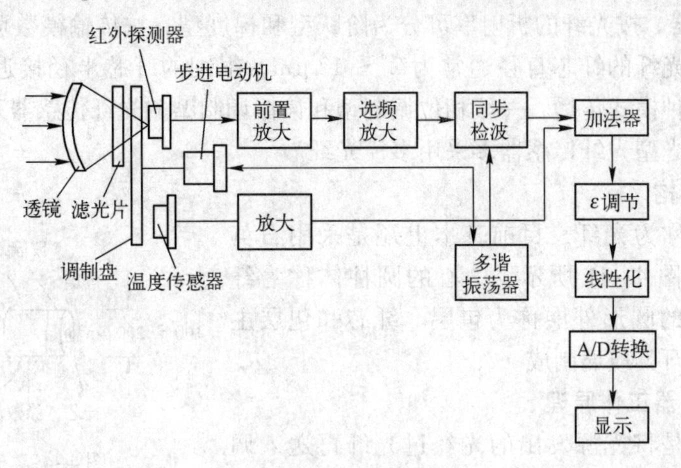

图 4-39　红外测温仪框图

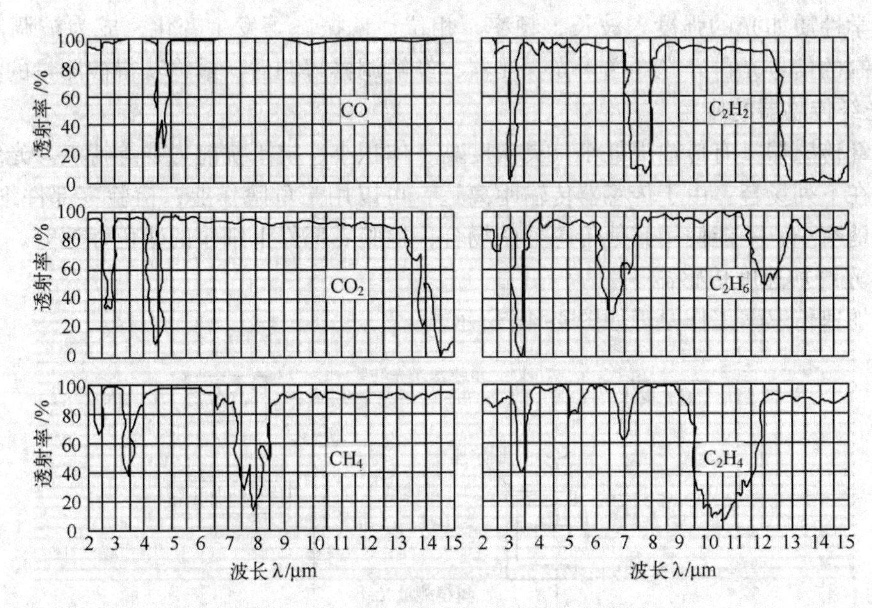

图 4-40　几种气体对红外线的透射光谱

五、光纤传感器

光纤传感器于 20 世纪 70 年代中期发展起来，不受电磁干扰、体积小、质量小、可挠曲、灵敏度高、耐腐蚀、电绝缘、防爆性好、易与微机连接、便于遥测等。它能用于温度、压力、应变、位移、速度、加速度、磁、电、声和 pH 值等各种物理量的测量。

1. 分类

光纤传感器可以分为两大类：一类是功能型（传感型）传感器；另一类是非功能型（传光型）传感器。按光纤的折射率可分为阶跃型和梯度型。按传输模数可分为单模光纤和多模光纤。单模光纤的纤芯直径通常为 2 ～ 12 μm，很细的纤芯半径接近于光源波长的长度，仅能维持一种模式传播，一般相位调制型和偏振调制型的光纤传感器采用单模光纤；光强度调制型或传光型光纤传感器多采用多模光纤。

2. 光纤的结构

光导纤维简称为光纤，目前基本上还是采用石英玻璃，其结构如图 4-41 所示。中心的圆柱体称为纤芯，围绕着纤芯的圆形外层称为包层。纤芯和包层主要由不同掺杂的石英玻璃制成。

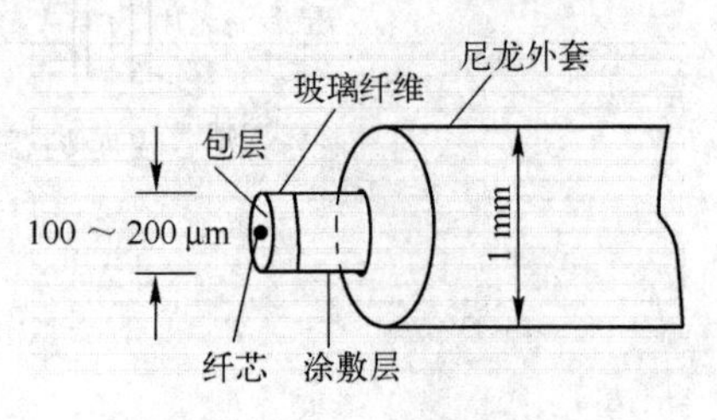

图 4-41 光纤结构

3. 光纤传感器工作原理

光纤传感器是将光源发出的光经过光纤再送入调制器，使待测参数与进入调制区的光相互作用后，导致光的光学性质如光的强度、波长、频率、相位、偏振态等发生变化，成为被调制的信号光。已调制的信号光再经光纤送入光探测器，经解调器解调后，最终获得被测量的参数。

4. 光纤传感器的应用

因光纤传感器具有传输损耗小、灵敏度高、体积小、抗干扰能力强等特点。光纤传感器主要应用在下列场合：由于传感器传输距离远，可以用于危险作业；检验零部件细小部分；因安装场地窄小，不能使用其他传感器的场合；检验零部件上细小的颜色标记等。

（1）光纤加速度传感器

光纤加速传感器工作原理如图 4-42 所示。

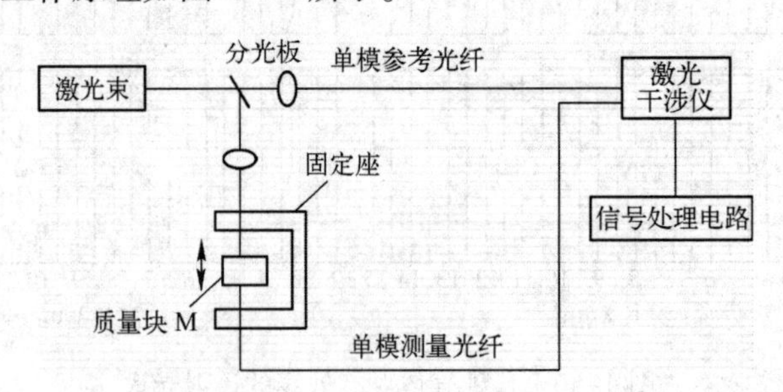

图 4-42 光纤加速度传感器工作原理

（2）光纤辐射温度传感器

单波长测量原理：当达到某一温度时，会出现暗红色的辐射，随着温度增加，亮度也在加强。利用光电检测器测量亮度即光强的变化，便能检测温度。光纤辐射温度传感器工作原理如图 4-43 所示。

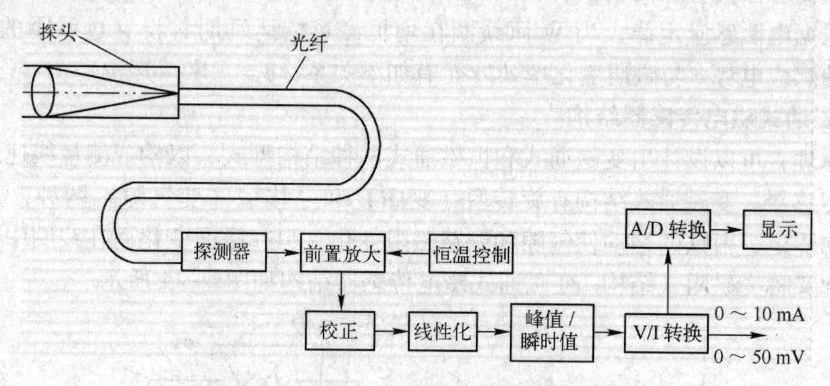

图 4-43　光纤辐射温度传感器工作原理

工作任务 4.2　磁电式传感器

【任务提示】

磁传感器又称感应式传感器，通过磁电作用将被测量的变化转换为感应电动势的变化，是一种机电能量变换型传感器，不需要供电电源。

磁电感应式传感器利用导体和磁场发生相对运动产生感应电动势，具有一定的频率响应范围，适合于振动、转速、扭矩等测量，但这种传感器的尺寸和质量都较大。

【任务目标】

① 了解磁电效应。

② 掌握常用磁电元件及其特性。

③ 掌握磁电式传感器的应用类型。

【知识技能】

一、磁电式传感器的工作原理

磁电式传感器是利用电磁感应原理，将输入运动速度变换成感应电势输出的传感器，它不需要辅助电源，就能把被测对象的机械能转换成易于测量的电信号，是一种有源传感器。磁电式传感器有时也称作电动式或感应式传感器，它只适合进行动态测量。由于它有较大的输出功率，故配用电路较简单；零位及性能稳定；工作频带一般为 10 ～ 1 000 Hz。

磁电式传感器具有双向转换特性，利用其逆转换效应可构成力（矩）发生器和电磁激振器等。根据电磁感应定律，当 W 匝线圈在均恒磁场内运动时，设穿过线圈的磁通为 Φ，则线圈内的感应电势 e 与磁通变化率 $d\Phi/dt$ 有如下关系：$e=-W(d\Phi/dt)$。

1. 变磁通式磁电传感器结构

根据原理，可以设计出变磁通式和恒磁通式两种结构型式，以构成测量线速度或角速度的磁电式传感器。变磁通式结构有旋转型（变磁）和平移型（变气隙）两种，其中永久磁铁与线圈均固定，衔铁的运动使气隙和磁路磁阻变化，引起磁通变化而在线圈中产生感应电动势，因此又称变磁阻式结构。变磁通式磁电传感器结构如图 4-44 所示。

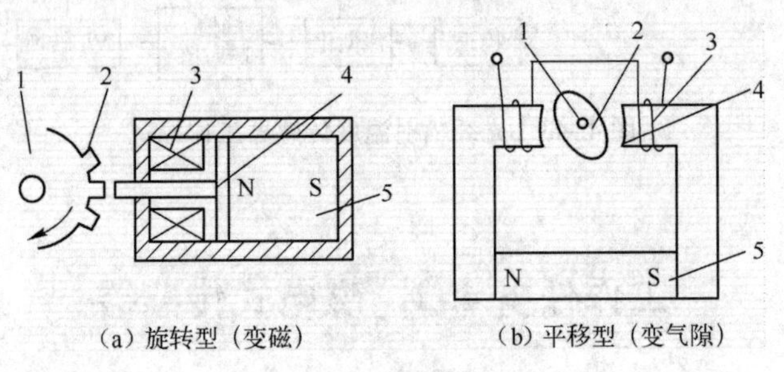

(a) 旋转型（变磁）　　(b) 平移型（变气隙）

图 4-44　变磁通式磁电传感器结构

1—被测转轴；2—测量齿轮；3—线圈；4—软铁；5—永久磁铁

图 4-44（a）为旋转型变磁通，又称开路变磁通式，线圈 3 和永久磁铁 5 静止不动，测量齿轮 2（导磁材料制成）安装在被测转轴 1 上，随之一起转动，每转过一个齿，传感器磁路磁阻变化一次，线圈 3 产生的感应电动势的变化频率等于测量齿轮 2 上齿轮的齿数和转速的乘积。图 4-44（b）为平移型变磁通，又称闭合磁路变磁通式，被测转轴 1 带动椭圆形测量齿轮 2 在磁场气隙中等速转动，使气隙平均长度周期性变化，因而磁路磁阻也周期性变化，磁通同样周期性变化，则在线圈 3 中产生感应电动势，其频率 f 与测量齿轮 2 转速 n（r/min）成正比，即 $f=n/30$。

当线圈与磁铁间有相对运动时，线圈中产生的感应电势 e 为

$$e=-WBlv, \text{或 } e=-WBS\omega \tag{4-6}$$

式中，B 为气隙磁通密度（T）；l 为气隙磁场中有效匝数为 W 的线圈总长度（m），$l=laW$（la 为每匝线圈的平均长度）；v 为线圈与磁铁沿轴线方向的相对运动速度（m/s）。

当传感器的结构确定后，式中 B、l、W 都为常数，感应电势 e 仅与相对速度 v 有关。为提高灵敏度，应选用具有磁能积较大的永久磁铁和尽量小的气隙长度，以提高气隙磁通密度 B；增加 la 和 W 也能提高灵敏度，但它们受到体积和重量、内电阻及工作频率等因素的限制。

2. 恒磁通式磁传感器结构

恒磁通式磁传感器由永久磁铁（磁钢）、线圈、弹簧、金属骨架和壳体等组成。系统产

生恒定直流磁场，磁路中工作气隙是固定不变的，因而气隙中的磁通也是恒定不变的。它们的运动部件可以是线圈，也可以是磁铁，因而可分为圈式或动铁式两种结构类型。一个是磁铁与传感器壳体固定，线圈和金属骨架（合称线圈组件）用柔软弹簧支承。另一种是线圈组件与壳体固定，永久磁铁用柔软弹簧支承。恒磁通式磁电传感器结构如图 4-45 所示。

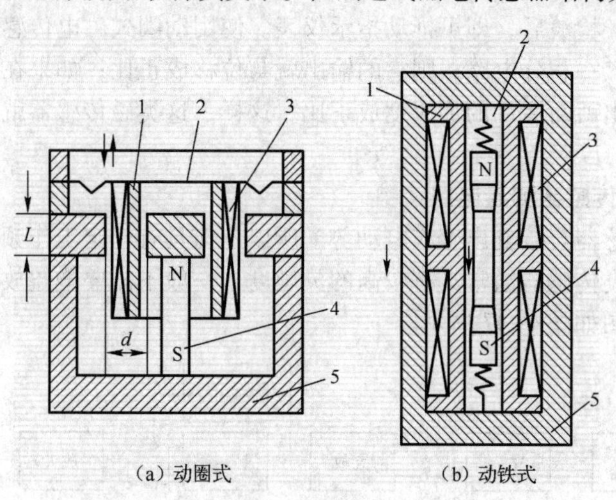

图 4-45　恒磁通式磁电传感器结构

1—金属骨架；2—弹簧；3—线圈；4—永久磁铁；5—壳体

两者的阻尼都是由金属骨架和磁场发生相对运动而产生的电磁阻尼。动圈式和动铁式的工作原理是完全相同的，当壳体随被测振动体一起振动时，由于弹簧较软，运动部件质量相对较大，因此振动频率足够高（远高于传感器的固有频率）时，运动部件的惯性很大，来不及跟随振动体一起振动，近于静止不动，振动能量几乎全被弹簧吸收，永久磁铁与线圈之间的相对运动速度接近于振动体振动速度。线圈与磁铁间相对运动使线圈切割磁力线，产生与运动速度成正比的感应电动势，这类传感器的基型是速度传感器，能直接测量线速度。动圈式磁电传感器的等效电路原理如图 4-46 所示，其等效电路的输出电压为

$$e_{\mathrm{L}} = e_0 = \frac{1}{1 + R_0/R_{\mathrm{L}} + \mathrm{j}\omega C_c R_c} \tag{4-7}$$

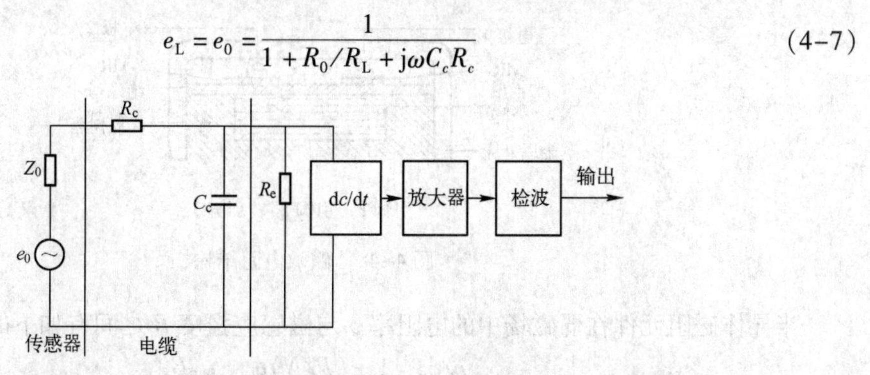

图 4-46　动圈式磁电传感器等效电路

式中，e_0为发电线圈感应电动势；R_0为线圈电阻，一般R_0为0.1 ～ 3 kΩ；R_L为负载电阻（放大器输入电阻）；C_c为电缆导线的分布电容，一般C_c=70 pF/m；R_c为电缆导线电阻，一般R_c=0.03 Ω/m。

在不使用特别加长电缆时，C_c可忽略，因此，当$R_L \gg R_0$时，则放大器输入电压$e_L \approx e_0$。感应电动势经放大、检波后，即可推动指示仪表。使用动圈式磁电传感器，如果在感应电动势的测量电路中接入一积分电路，则它的输出就与位移成正比；如果在测量电路中接入一微分电路，则它的输出就与运动的加速度成正比。这样，这类磁传感器就可以用来测量运动的位移或加速度。

3. 磁电感应式传感器测量电路

磁电感应式传感器直接输出感应电动势，所以任何具有一定工作频带的电压表或示波器都可采用，由于此类传感器通常具有较高的灵敏度，一般不需要增益放大器。磁电感应式传感器测量电路方框图如图4-47所示。

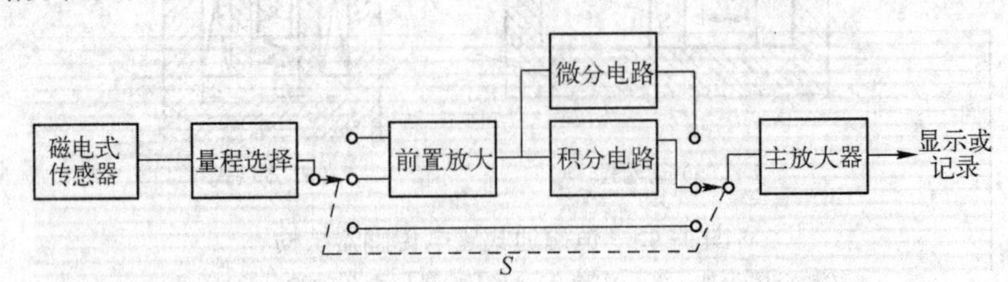

图4-47 磁电感应式传感器测量电路方框图

二、磁感应器件

1. 磁敏电阻

（1）磁敏电阻的工作原理

磁敏电阻器是利用磁阻效应制成的，其阻值会随穿过它的磁通量密度的变化而变化。磁敏电阻结构如图4-48所示。

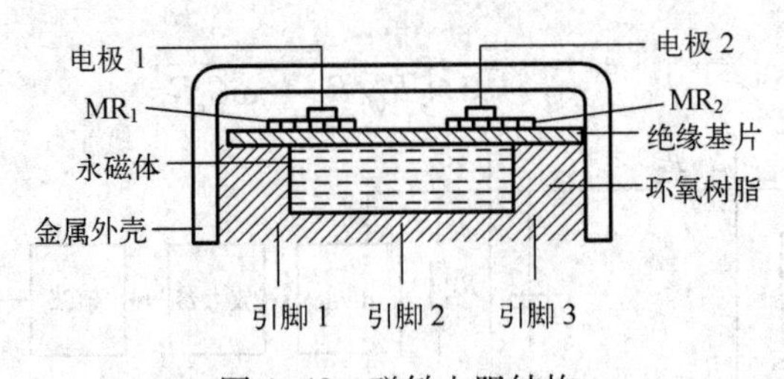

图4-48 磁敏电阻结构

半导体磁阻元件在弱磁场中的电阻率p与磁感应强度B之间有如下的关系式

$$\rho/\rho_0 = 1 + (P/N)\mu_n \cdot \mu_P B^2 \tag{4-8}$$

式中，ρ 为磁场中的电阻率；ρ_0为无磁场时的电阻率；P 为半导体中空穴载流子数量；N 为半导体中电子载流子数量；μ_n、μ_P为载流子的迁移率；B 为磁感应强度。

从式（4-8）可以看出，当半导体材料确定时，磁敏电阻器的阻值与磁感应强度呈平方关系。该式仅适用于弱磁场，在强磁场下，磁敏电阻器的阻值与磁感应强度呈线性关系。磁敏电阻器多采用锑化钢（InSb）半导体材料制造。半导体材料的磁阻效应包括物理磁阻效应和几何磁阻效应。其中物理磁阻效应又称为磁电阻率效应。在一个长方形半导体 InSb 片中，沿长度方向有电流通过时，若在垂直于电流片的宽度方向上施加一个磁场，半导体 InSb 片长度方向上就会发生电阻率增大的现象。这种现象就称为物理磁阻效应。

(2) 磁敏电阻器的应用

几何磁阻效应是指半导体材料磁阻效应，与半导磁敏电阻的用途颇广。

① 作控制元件：可将磁敏电阻用于交流变换器、频率变换器、功率电压变换器、磁通密度电压变换器和位移电压变换器等等。

② 作计量元件：可将磁敏电阻用于磁场强度测量、位移测量、频率测量和功率因数测量等诸多方面。

③ 作模拟元件：可在非线性模拟、平方模拟、立方模拟、三次代数式模拟和负阻抗模拟等方面使用。

④ 作运算器：可用磁敏电阻在乘法器、除法器、平方器、开平方器、立方器和开立方器等方面使用。

⑤ 作开关电路：一般用在接近开关、磁卡文字识别和磁电编码器等方面。

为了提高检测灵敏度，在选用锑化铟磁敏电阻时多用磁阻值较大的，或采用磁能积较大的永久磁铁。采用三端差分型磁敏电阻组成的识别磁性油墨浓度、文字、图形等的识别电路，能输出 0.1 ～ 1.5 mV 的电平，当频率在 100 ～ 5 000 Hz 的范围内可得到约 90 dB 的增益。

⑥ 作磁敏传感器和无触点电位器

2. 磁敏二极管

磁敏二极管的工作原理如图 4-49 所示，它具有二极管结构，其输出随外界磁性量变化而变化的磁敏元件，较长的管脚为正极区，较短的管脚为负极区。凸出面为磁敏感面，磁敏二极管在正向磁场或负向磁场的作用下，其输出信号增量的方向不同，就可以判断磁场的方向。常见的磁敏二极管有 2ACM，其随着温度的升高，磁场输出电压△+或△-均下降。

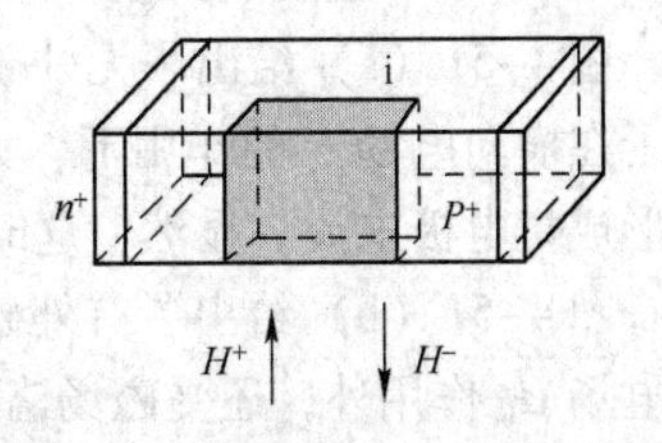

图 4-49　磁敏二极管的工作原理

磁敏二极管内部结构与普通二极管不同，在 P 区与 N 区之间有一线度远大于载流子扩散长度的高纯空间电荷区——i 区，在 i 区的一个侧面上，嵌有一载流子高复合区——R 区，该管采用电子与空穴双注入效应及复合效应来控制流过 PN 结的电流。在外界磁场的作用下，两效应作用结果以乘积取值。因此它具有很高的探测灵敏度。当外界无磁场时，加正向电压，N 区电子大部分注入 P 区空穴内，只有少数载流子在 i 区及 R 区复合，器件呈稳定状态。若外界加一正向磁场 $B+$时，在正向磁场洛仑兹力的作用下，空穴及电子运动方向均偏向 R 区，空穴及电子在 R 区的复合率极高，因此大部分载流子在 R 区复合，则 i 区中载流子数目大为减少，R 区电阻随之增大，压降亦增大，从而循环产生正反馈，使该管外部表现为电阻增大，电流减小，压降增大；反之，外界加 $B-$时，则外部表现为电阻减小，电流增大，压降减小。

磁敏二极管是采用电子与空穴双重注入效应及复合效应原理工作的，具有很高的灵敏度。由于磁敏二极管在正、负磁场作用下，其输出信号增量的方向不同，因此利用这一点可以判别磁场方向。

3. 磁敏晶体管

(1) 磁敏晶体管工作原理

磁敏三极管的结构如图 4-50 所示，磁敏晶体管是在磁敏二极管的基础上设计的长基区晶体管。它的一端为集电极和发射极 e（n 区）、另一端 p 区为基极 b。为用高阻半导体制成的锗 NPN 型和硅 PNP 型磁敏晶体管。在锗磁敏晶体管的发射极 e 一侧用喷砂方法损伤一层晶格，设置载流子复合速率很大的高复合区 r，而在硅磁敏晶体管中未设置高复合区。

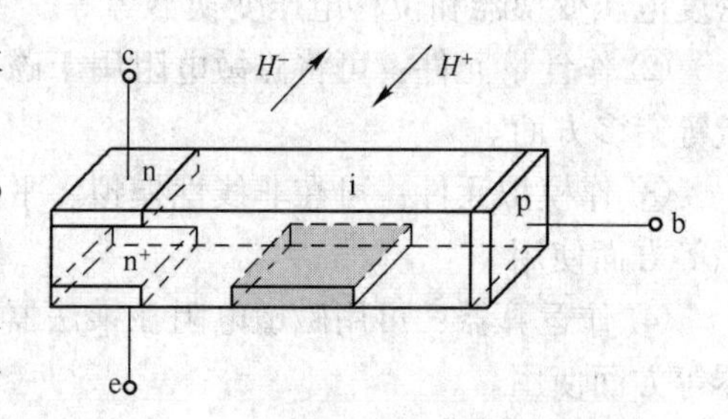

图 4-50　磁敏晶体管的结构

锗磁敏晶体管具有板条状结构，集电区和发射区分别设置在板条的两面，而基极 b 设置在另一侧面上。硅磁敏晶体管具有平面结构，发射区、集电区、基极均设置在硅片表面。磁敏晶体管的一个主要特点是基区宽度 W 大于载流扩散长度，因此它的共发射极电流放大系数小于 1，无电流增益能力。另外，发射极 - 基区 - 基极是 NPP 型或 PNN 型长二极管，即 NPP 型或 PNN 型磁敏二极管。磁敏三极管工作过程如图 4-52 所示。

图 4-51（a）给出了无外磁场作用时的情况。由于 i 区较长，从发射极 e 注入到 i 区的电子在横向电场 U 的作用下，大部分和 i 区中的空穴复合形成基极电流，少部分电子到集电极形成集电极电流。显然，这时基极电流大于集电极电流。

图 4-51（b）给出了有外磁场 $B+$作用时的情况。从发射极注入到 i 区的电子，除受横向电场 U_{be}作用外，还受磁场洛仑兹力的作用，使其向复合区 r 方向偏转。结果使注入集电极的电子数和流入基区的电子数的比例发生变化，原来进入集电极的部分电子改为进入基区，使基极电流增加，而集电极电流减少。根据磁敏晶体管的工作原理，由于流入基区的电子要经过高复合区 r，载流子大量复合，使 i 区载流子浓度大大减少而成为高阻区。

高阻区的存在又使发射结上电压减小，从而使注入到i区的电子数大量减少，使集电极电流进一步减少。流入基区的电子数，开始由于洛伦兹力的极电流基本不变。

图4-51（c）给出了有外部反向磁场$B-$作用的情况。作用增加，后又因发射结电压下降而减少，其工作过程正好和加上正向电场$B+$时的情况相反，集电极电流增加，而基极电流基本上仍保持不变。

磁场的作用使集电极的电流增加或减少。它的电流放大倍数虽然小于1，但基极电流和电流放大系数均具有磁灵敏度，因此可以获得远高于磁敏二极管的灵敏度。磁敏晶体管是尚处于研制阶段的新型器件，凡是应用霍尔元件、磁阻元件和磁敏二极管的地方均可用磁敏晶体管来代替。磁敏晶体管尤其适用于某些需要高灵敏度的场合，如微型引信、地震探测等方面。

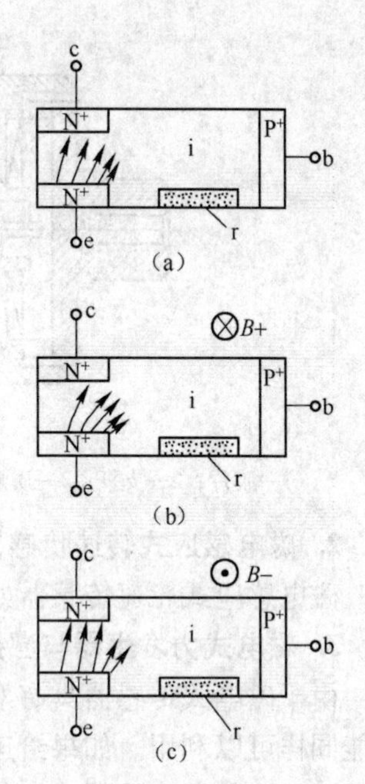

图4-51　磁敏晶体管工作过程

（2）磁敏晶体管的特性

① 伏安特性：和普通晶体管的伏安特性曲线类似，磁敏晶体管的电流放大倍数小于1。

② 磁电特性：磁敏晶体管的磁电特性是应用的基础，在弱磁场作用下，接近一条直线。

（3）温度特性及其补偿

磁敏晶体管对温度比较敏感，使用时必须进行温度补偿。对于锗磁敏晶体管如3ACM、3BCM，其磁灵敏度的温度系数为0.8%/℃；硅磁敏晶体管（3CCM）磁灵敏度的温度系数为-0.6%/℃，实际使用时必须对磁敏晶体管进行温度补偿。

三、磁电应用

1. 测振传感器

磁电式传感器主要用于振动测量。其中惯性式传感器不需要静止的基座作为参考基准，它直接安装在振动体上进行测量，因而在地面振动测量及机载振动监视系统中获得了广泛的应用。常用的测振传感器有动铁式振动传感器、动圈式振动速度传感器等。CD-1型振动速度传感器如图4-52所示。

振动传感器是典型的集中参数m、k、c二阶系统。作为惯性（绝对）式测振传感器，要求选择较大的质量块m和较小的弹簧常数k。在较高振动频率下，由于质量块大惯性大，因而质量块和弹簧相对静止。振动体（同传感器壳体）相对质量块的位移y（输出）就可真实地反映振动体相对大地的振幅x（输入）。

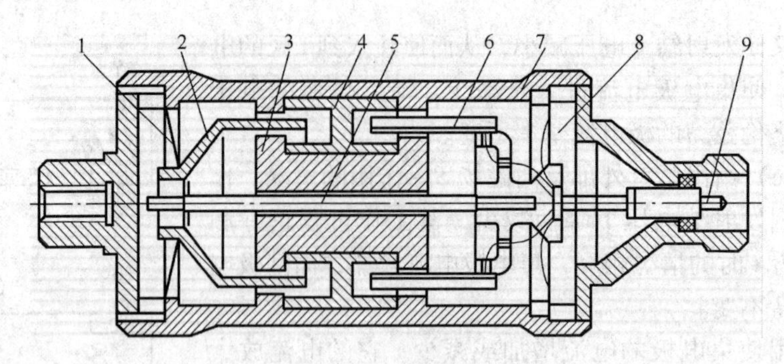

图 4-52 CD-1 型振动速度传感器

1—膜片；2—支杆；3—质量块；4—绝缘层；5—连杆；6—保护层；7—屏蔽壳；8—支座；9—导杆

2. 磁电感应式转速传感器

磁电感应式轮速传感器如图 4-53 所示。

3. 磁电式力发生器与激振器

由于磁电式传感器具有双向转换特性，其逆向功能同样可以利用。如果给速度传感器的线圈输入电量，那么其输出量即为机械量。在惯性仪器——陀螺仪与加速度计中广泛应用的动圈式或动铁式直流力矩器就是速度传感器的逆向应用。它在机械结构的动态实验中是非常重要的设备，用以获取机械结构的动态参数，如共振频率、刚度、阻尼、振动部件的振型等。

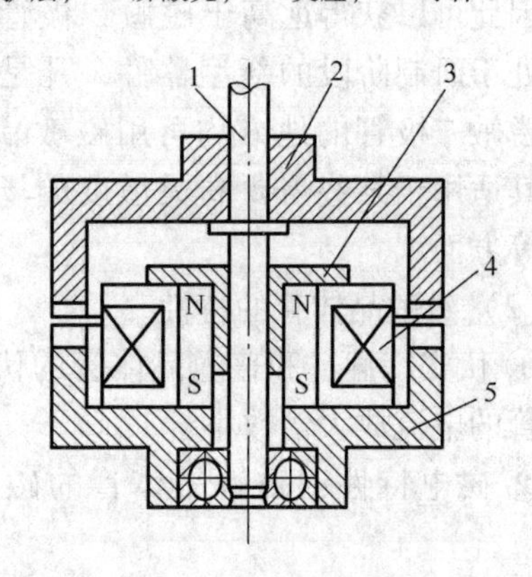

图 4-53 磁电感应式转速传感器

1—导杆；2—上壳；3—铁芯；4—线圈；5—下壳

除上述应用外，磁电式传感器还常用于扭矩、转速等的测量。

工作任务 4.3 霍尔式传感器

【任务提示】

霍尔式传感器是基于霍尔效应的一种传感器。1879 年美国物理学家霍尔首先在金属材料中发现了霍尔效应，但由于金属材料的霍尔效应太弱而没有得到应用。随着半导体技术的发展，人们开始用半导体材料制成霍尔元件，由于它的霍尔效应显著而得到应用和发展。霍尔传感器目前广泛用于电磁测量、压力、加速度、振动等方面的测量。

【任务目标】

① 了解霍尔效应。

② 掌握常用霍尔元件及其特性。

③ 掌握霍尔式传感器的应用类型。

【知识技能】

霍尔传感器是一种当交变磁场经过时产生输出电压脉冲的传感器。脉冲的幅度是由激励磁场的场强决定的。因此，霍尔传感器不需要外界电源供电。

一、霍尔效应

金属或半导体薄片置于磁感应强度为 B 的磁场（磁场方向垂直与薄片）中，当有电流 I 通过时，在垂直于电流和磁场的方向上将产生电动势 U_H，这种物理现象称为霍尔效应。该电势 U_H 称为霍尔电势。

霍尔效应原理图如图 4-54 所示。一块长为 L、宽为 b、厚为 d 的 N 型半导体薄片，位于磁感应强度为 B 的磁场中，B 垂直于 $L-b$ 平面，沿 L 通电流 I，N 型半导体的载流体—电子将受到 B 产生的洛伦兹力 F_B 的作用，$F_B = evB$，洛伦兹力 F_B 使电子向垂直于 B 和自由电子运动方向偏移，其方向符合右手螺旋定律，即电子有向某一端积聚的现象，使半导体一端面产生负电荷积聚，另一端面则为正电荷积聚。由于电荷积聚，产生静电场，称为霍尔电场。该静电场对电子的作用力 F_E 与洛伦兹力 F_B 的方向相反，将阻止电子继续偏转，其大小为

$$F_E = -eE_H = -e\frac{U_H}{b} \tag{4-9}$$

电场力阻止电子继续向原侧面积累，当电子所受电场力和洛伦兹力相等时，电荷的积累达到动态平衡，由于存在 E_H，半导体片两侧面间出现电位差 U_H，称为霍尔电势，为

$$U_H = R_H\frac{IB}{d} = k_H IB \tag{4-10}$$

式中，R_H 为霍尔系数，由载流材料的物理性质决定；k_H 为灵敏度系数，与载流材料的物理性质和几何尺寸有关，表示在单位磁感应强度和单位控制电流时的霍尔电势的大小；d 为薄片厚度。

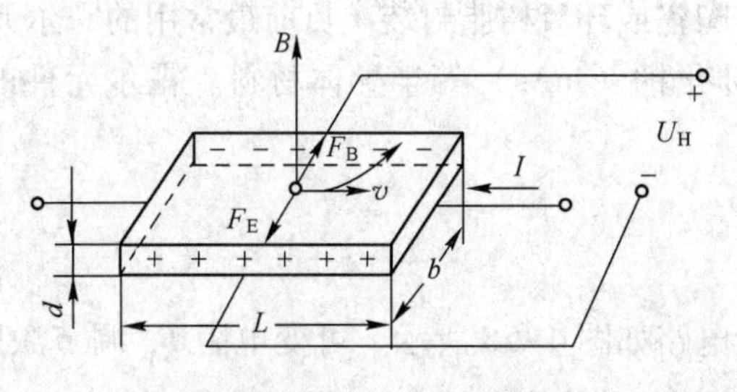

图 4-54　霍尔效应原理图

如果磁场和薄片法线有 α 角，那么

$$U_H = k_H IB\cos\alpha \tag{4-11}$$

二、霍尔元件

1. 常用的霍尔元件材料

常用的霍尔元件材料有锗、硅、砷化铟、锑化铟等半导体材料。其中N型锗容易加工制造，其霍尔系数、温度性能和线性度都较好。N型硅的线性度最好，其霍尔系数、温度性能同N型锗相近。锑化铟对温度最敏感，尤其在低温范围内温度系数大，但在室温时其霍尔系数较大。砷化铟的霍尔系数较小，温度系数也较小，输出特性线性度好。霍尔元件的材料特性如表4-4所示。

表4-4　霍尔元件的材料特性

材　料	迁移率（$cm^2/V\cdot s$）		霍尔系数 R_H（cm^2/C）	禁带宽度（eV）	霍尔系数温度特性（%/℃）
	电　子	空　穴			
Ge1	3600	1800	4250	0.60	0.01
Ge2	3600	1800	1200	0.80	0.01
Si	1500	425	2250	1.11	0.11
InAs	28000	200	570	0.36	-0.1
InSb	75000	750	380	0.18	-2.0
GaAs	10000	450	1700	1.40	0.02

2. 霍尔元件基本结构

霍尔元件多采用N型半导体材料，霍尔元件越薄（d 越小），k_H 就越大，薄膜霍尔元件厚度只有1 μm左右。霍尔元件由霍尔片、四根引线和壳体组成，霍尔片是一块半导体单晶薄片（一般为 $4\times2\times0.1\ mm^3$），在它的长度方向两端面上焊有a、b两根引线，称为控制电流端引线，通常用红色导线，其焊接处称为控制电极；在它的另两侧端面的中间以点的形式对称地焊有c、d两根霍尔输出引线，通常用绿色导线，其焊接处称为霍尔电极。霍尔元件的壳体是用非导磁金属、陶瓷或环氧树脂封装。目前最常用的霍尔元件材料有锗（Ge）、硅（Si）、锑化铟（InSb）、砷化铟（InAs）等半导体材料。霍尔元件的基本结构图如图4-55所示。

三、测量电路

霍尔元件的基本测量电路如图4-56所示。可变电阻 R_p 调节激励电流 I 的大小。R_L 为输出霍尔电势 U_H 的负载电阻，通常是显示仪表、记录装置或放大器的输入阻抗。

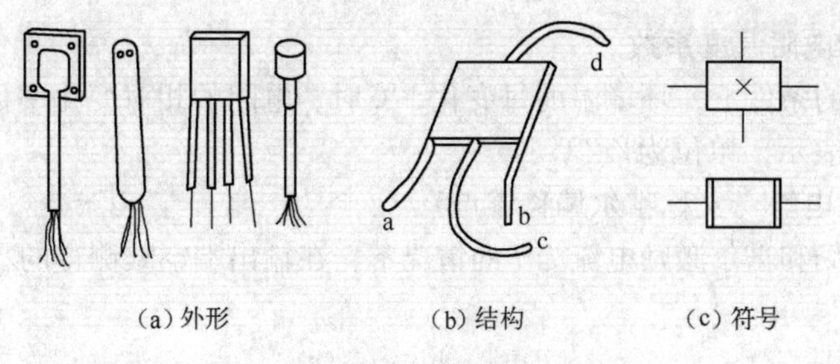

（a）外形　　（b）结构　　（c）符号

图4-55　霍尔元件的基本结构图

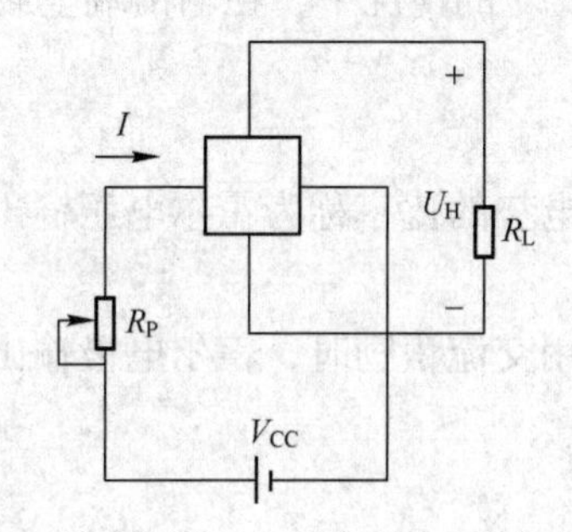

图4-56　霍尔元件的基本测量电路

四、元件特性

1. 霍尔系数（又称霍尔常数）R_H

在磁场不太强时，霍尔电势差 U_H 与激励电流 I 和磁感应强度 B 的乘积成正比，与霍尔片的厚度 δ 成反比，即 $U_H = R_H IB/\delta$，其中 R_H 称为霍尔系数，它表示霍尔效应的强弱，$R_H = \mu\rho$，即霍尔常数等于霍尔片材料的电阻率 ρ 与电子迁移率 μ 的乘积。

2. 霍尔灵敏度 K_H（又称霍尔乘积灵敏度）

霍尔灵敏度与霍尔系数成正比，而与霍尔片的厚度 δ 成反比，即 $K_H = R_H/\delta$，它通常可以表征霍尔常数。

3. 霍尔额定激励电流

当霍尔元件自身温升10 ℃时所流过的激励电流称为额定激励电流。

4. 霍尔最大允许激励电流

以霍尔元件允许最大温升为限制所对应的激励电流称为最大允许激励电流。

5. 霍尔输入电阻

霍尔激励电极间的电阻值称为输入电阻。

6. 霍尔输出电阻

霍尔输出电极间的电阻值称为输出电阻。

7. 霍尔元件的电阻温度系数

在不施加磁场的条件下，环境温度每变化 1 ℃时，电阻的相对变化率称为霍尔元件的电阻温度系数，用 α 表示，单位为%/℃。

8. 霍尔不等位电势（又称霍尔偏移零点）

在没有外加磁场和霍尔激励电流为 I 的情况下，在输出端空载测得的霍尔电势差称为不等位电势。

9. 霍尔输出电压

在外加磁场和霍尔激励电流为 I 的情况下，在输出端空载测得的霍尔电势差称为霍尔输出电压。

10. 霍尔电压输出比率

霍尔不等位电势与霍尔输出电势的比率称为霍尔电压输出比率。

11. 霍尔寄生直流电势

在外加磁场为零、霍尔元件用交流激励时，霍尔电极输出除了交流不等位电势外，还有一直流电势，称寄生直流电势。

12. 霍尔电势温度系数

在外加磁场和霍尔激励电流为 I 的情况下，环境温度每变化 1 ℃时，不等位电势的相对变化率。它同时也是霍尔系数的温度系数。

13. 热阻 *Rth*

霍尔元件工作时功耗每增加 1 W，霍尔元件升高的温度值称为它的热阻，它反映了元件散热的难易程度，单位为：℃/W

五、霍尔元件的补偿电路

产生误差的常见因素有：半导体本身固有的特性、半导体制造工艺水平、环境温度变化、霍尔传感器的安装是否合理等，测量误差一般表现为零位误差和温度误差。

1. 零位误差极其补偿

当霍尔元件的激励电流 I 不再为零时，若所处位置的磁感应强度 B 为零。则霍尔电势仍应为零，但实际中若不为零，则此时空载的霍尔电势称为零位误差。它一般由以下两种电势组成。

不等位电势：电极引出时偏斜，半导体的电阻特性（等势面倾斜）或造成激励电极接触不良。

寄生直流电势：由于霍尔元件是半导体，外接金属导线时，易引起 PN 节效应，当电流为交流电时，整个霍尔元件形成整流效应，PN 节压降构成寄生直流电势，带来输出误差。

补偿方法是在制作工艺上保证电极对称、欧姆接触。不等位电压的补偿如图 4－57 所示。

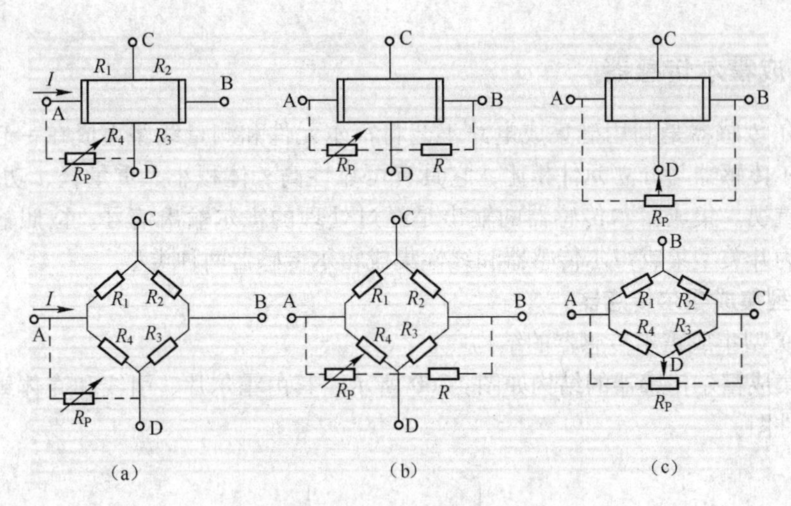

图4-57　不等位电压的补偿

2. 温度误差及补偿

由于半导体材料的电阻率、迁移率和载流子浓度都随温度而变化，用此材料制成的霍尔元件的性能参数必然随温度而变化，致使霍尔电势变化，产生温度误差。为了减小温度误差，除选用温度系数较小的材料如砷化茵外，还可以采取一些恒温措施，或者采用恒流源或恒压源配合补偿电阻供电，这样可以减小元件内阻随温度变化而引起的控制电流变化。采用恒流源供电，对温度引起的误差进行补偿，但只能减小由于输入电阻随温度变化所引起的激励电流的变化的影响。对 $K_H I$ 乘积项同时进行补偿。采用恒流源与输入回路并联电阻。

（1）分流电阻法

采用分流电阻法的温度补偿电路如图4-58所示。

（2）电桥补偿法

电桥补偿法的温度补偿电路如图4-59所示。R_1、R_2、R_3、R_4 由电阻温度系数很小的锰铜丝绕制，电阻值基本不随温度变化。R_t 由电阻温度系数很大的铜丝绕制。

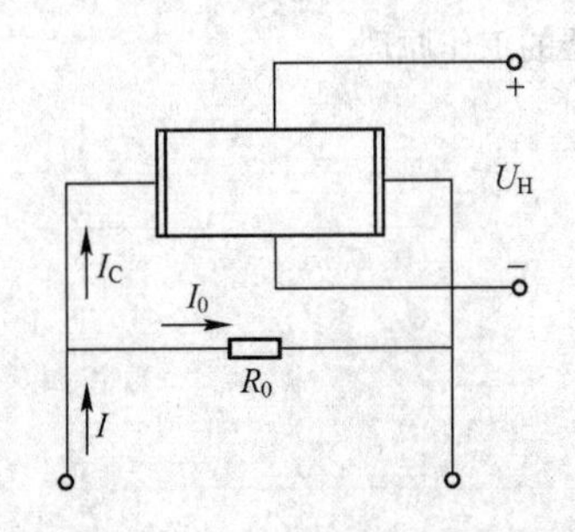

图4-58　采用分流电阻法的温度补偿电路

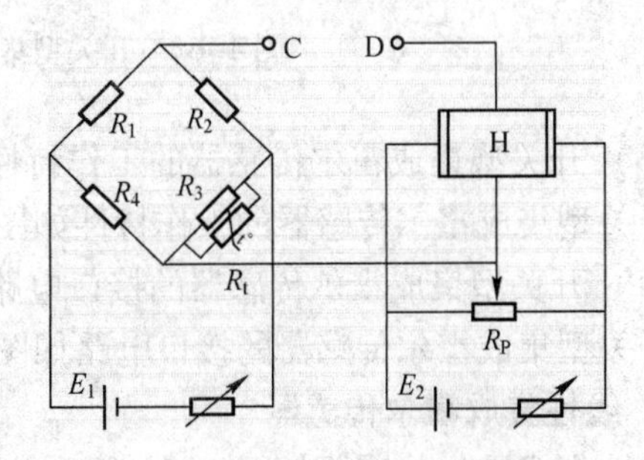

图4-59　电桥补偿法的温度补偿电路

六、集成霍尔传感器

集成霍尔传感器是利用硅集成电路工艺将霍尔元件和测量线路集成在一起的一种传感器。集成霍尔传感器与分立元件相比，它具有可靠性高、体积小、重量轻、功耗低等优点，越来越受到重视。集成霍尔传感器的输出是经过处理的霍尔输出信号。按照输出信号的形式，可以分为开关型集成霍尔传感器和线性集成霍尔传感器两种类型。

1. 开关型集成霍尔传感器

（1）开关型集成霍尔传感器的结构

开关型集成霍尔传感器的结构如图 4-60 所示，其由霍尔片、引线和壳体组成，同于常用的霍尔元件图。

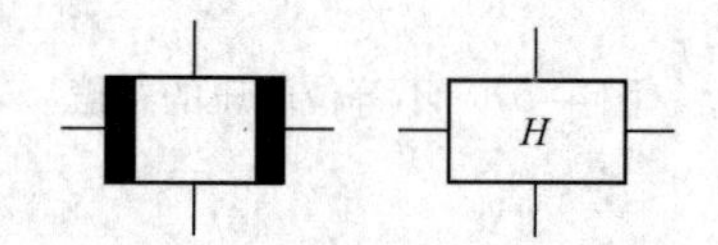

图 4-60 开关型集成霍尔传感器

（2）开关型集成霍尔传感器的工作原理

开关型集成霍尔传感器的工作原理如图 4-61 所示。

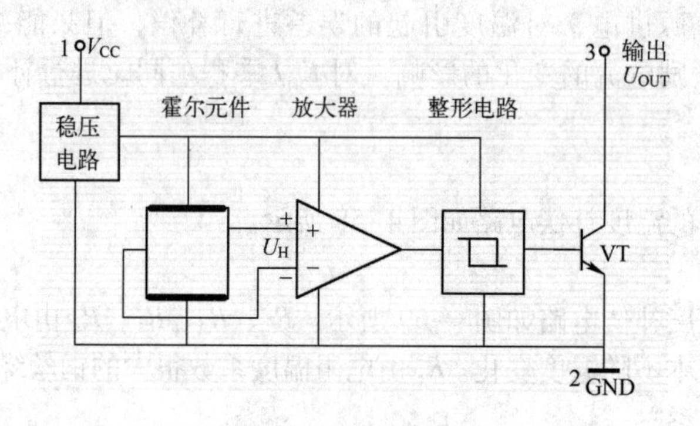

图 4-61 开关型集成霍尔传感器的工作原理

（3）开关型集成霍尔传感器的工作特性

开关型集成霍尔传感器的工作特性如图 4-62 所示。

（4）开关型集成霍尔传感器的接口电路

开关型集成霍尔传感器的接口电路如图 4-63 所示。

2. 线性集成霍尔传感器

线性集成霍尔传感器如图 4-64 所示。

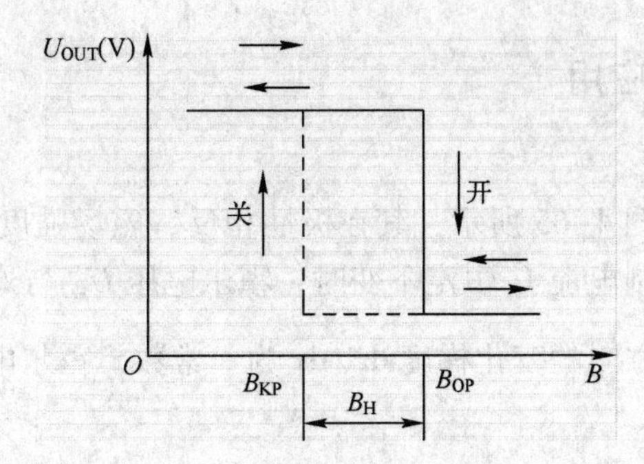

图4-62 开关型集成霍尔传感器的工作特性

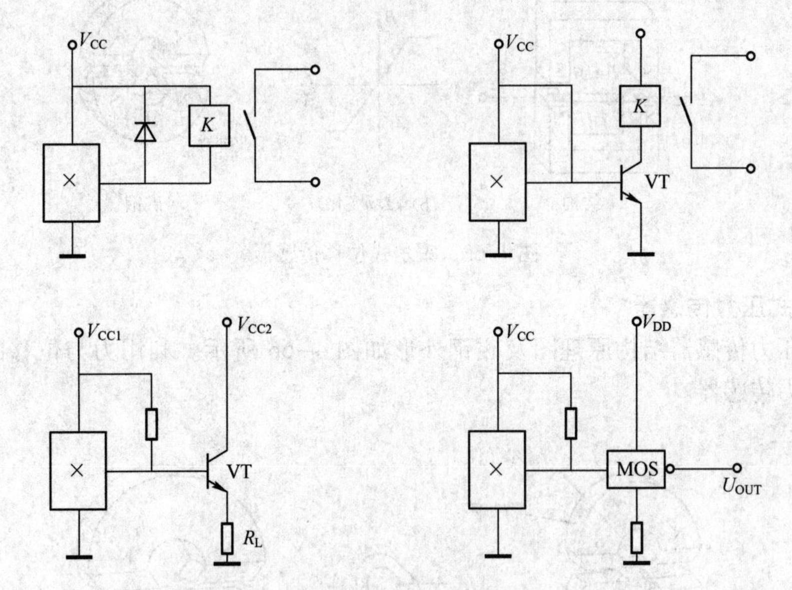

图4-63 开关型集成霍尔传感器的接口电路

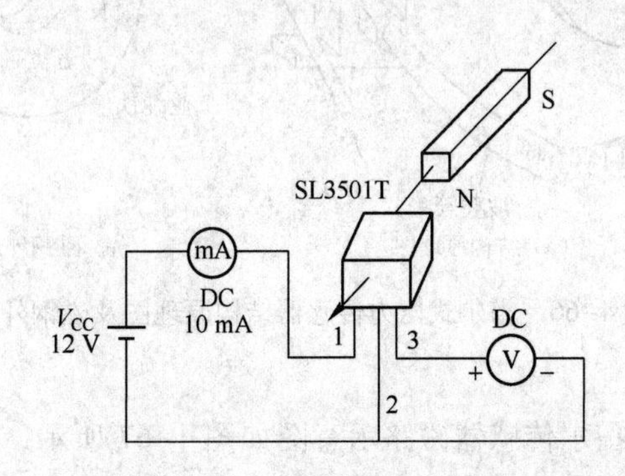

图4-64 线性集成霍尔传感器

七、霍尔式传感器应用

1. 霍尔式位移传感器

霍尔式位移传感器如图 4-65 所示，其在极性相反、磁场强度相同的两个磁钢的气隙间放置一个霍尔元件，当控制电流 I_C 恒定不变时，霍尔电压 U_H 与外加磁感应强度成正比；若磁场在一定范围内沿 x 轴方向的变化梯度 dB/dx 为一常数，霍尔电压的变化为 $U_H = R_H \frac{IB}{d} = k_H IB$，积分后得：$U_H = Kx$。

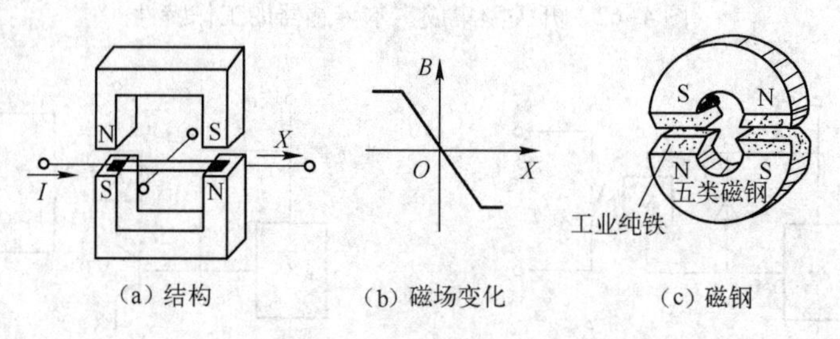

图 4-65 霍尔式位移传感器

2. 霍尔式压力传感器

霍尔式压力传感器结构原理图及磁钢外形如图 4-66 所示。利用力与位移的直线关系，可以做成压力传感器。

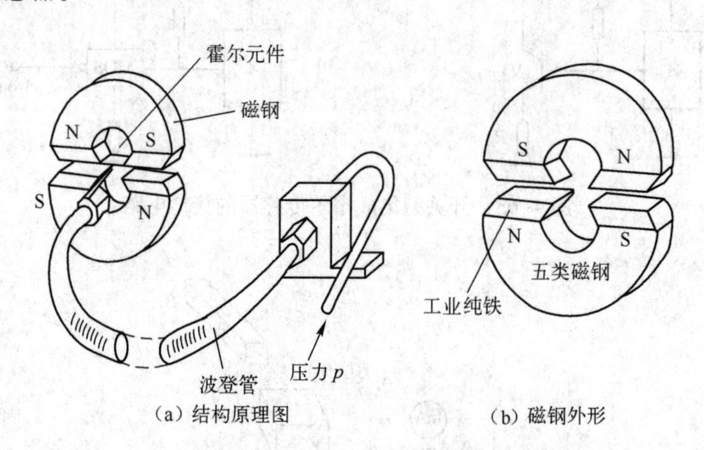

图 4-66 霍尔式压力传感器结构原理图及磁钢外形

3. 霍尔电子点火器

霍尔电子点火器中的霍尔传感器磁路示意图如图 4-67 所示，将霍尔元件固定在汽车分电器的白金座上，在分火点上装一个隔磁罩，隔磁罩竖边的一边根据汽车发动机的缸数开出相同间距的缺口，当缺口对准霍尔元件时，磁通通过霍尔元件而成闭合回路，所以电路导通，此时霍尔电路输出低电平（≤0.4 V），隔磁罩的缺口没有对准挡在霍尔元件时，就不能形成一个闭合回路，则电路截止，霍尔电路输出高电平。

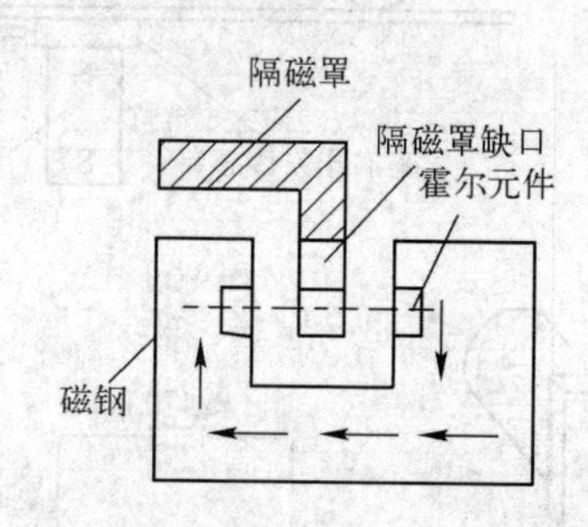

图 4-67　霍尔电子点火器原理

4. 霍尔转速表

在被测转速的转轴上安装一个齿盘，也可选取机械系统中的一个齿轮，将线性型霍尔器件及磁路系统靠近齿盘。齿盘的转动使磁路的磁阻随气隙的改变而周期性地变化，霍尔器件输出的微小脉冲信号经隔直、放大、整形后可以确定被测物的转速。霍尔转速表如图 4-68 所示。

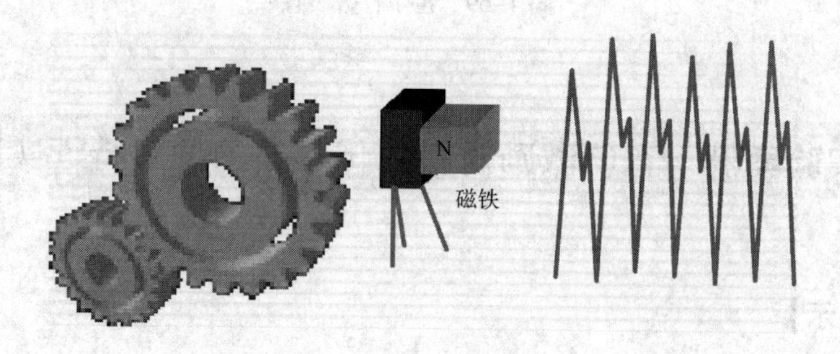

图 4-68　霍尔转速表

5. 霍尔计数装置

霍尔开关传感器 SL3501 是具有较高灵敏度的集成霍尔元件，能感受到很小的磁场变化，因而可对黑色金属零件进行计数检测。当钢球通过霍尔开关传感器时，传感器可输出峰值 20 mV 的脉冲电压，该电压经运算放大器 A（μA741）放大后，驱动半导体晶体管 VT（2N5812）工作，VT 输出端便可接计数器进行计数，并由显示器显示检测数值。霍尔计数装置如图 4-69 所示。

6. 霍尔式接近开关

当磁铁的有效磁极接近并达到动作距离时，霍尔式接近开关动作。霍尔接近开关一般还配一块钕铁硼磁铁。

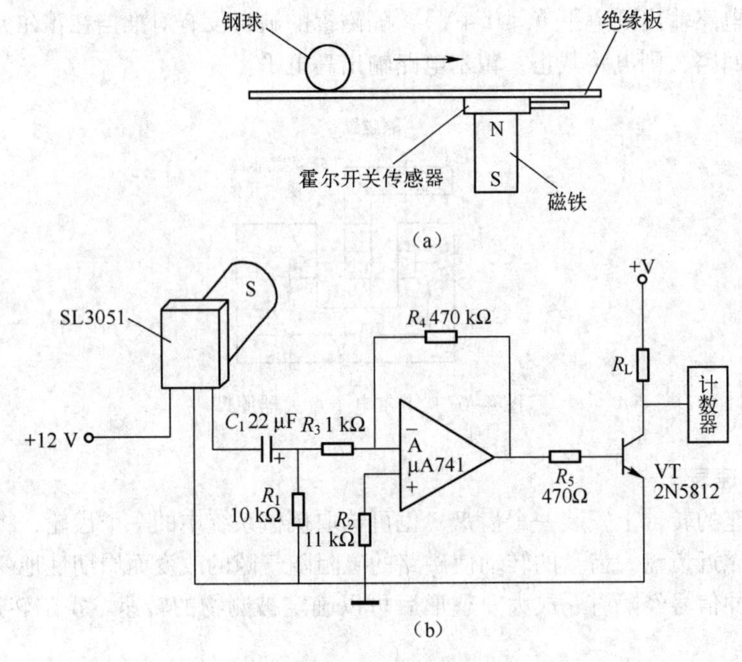

图 4-69 霍尔计数装置

实验案例 直流激励时霍尔传感器的位移特性实验

【实验提示】

金属或半导体薄片置于磁场中，当有电流流过时，在垂直于磁场和电流的方向上将产生电动势，这种物理现象称为霍尔效应。具有这种效应的元件称为霍尔元件，根据霍尔效应，霍尔电势 $U_H = K_H IB$，当保持霍尔元件的控制电流恒定，而使霍尔元件在一个均匀梯度的磁场中沿水平方向移动，则输出的霍尔电动势为 $U_H = kx$，其中 k 为位移传感器的灵敏度，这样它就可以用来测量位移。霍尔电动势的极性表示了元件的方向。磁场梯度越大，灵敏度越高；磁场梯度越均匀，输出线性度就越好。

【实验目标】

通过本实验使学生掌握直流激励时霍尔传感器位移特性及使用方法，掌握霍尔传感器的工作原理与应用，锻炼学生的自主学习能力与独立工作能力，培养学生团队协作与规范操作的职业素养。

【实验设计】

一、实验仪器

霍尔传感器模块（THSRZ－1 型）或（DH－CG2000 型）、霍尔传感器、测微头、直流电源、数显电压表。

二、实验原理

霍尔传感器是根据霍尔效应制作的一种磁场传感器，霍尔效应是磁电效应的一种，这一现象是霍尔于 1879 年在研究金属的导电机构时发现的。后来发现半导体、导电流体等也有这种效应，而半导体的霍尔效应比金属强得多，利用这现象制成的各种霍尔元件，广泛地应用于工业自动化技术、检测技术及信息处理等方面。霍尔效应是研究半导体材料性能的基本方法。通过霍尔效应实验测定的霍尔系数，能够判断半导体材料的导电类型、载流子浓度及载流子迁移率等重要参数。

霍尔元件置于磁感应强度为 B 的磁场中，在垂直于磁场方向通以电流 I，则与这二者垂直的方向上将产生霍尔电势差 U_H，则

$$U_H = KHB \tag{4-12}$$

式中，K 为元件的霍尔灵敏度。

如果保持霍尔元件的电流 I 不变，而使其在一个均匀梯度的磁场中移动时，则输出的霍尔电势差变化量为

$$\Delta U_H = KI\frac{dB}{dZ}\Delta Z \tag{4-13}$$

式中，ΔZ 为位移量。

式（4-13）说明，若$\frac{dB}{dZ}$为常数时，ΔU_H 与 ΔZ 成正比。

为实现均匀梯度的磁场，可以按照如图 4-70 所示，将两块相同的磁铁（磁铁截面积及表面磁感应强度相同）相对放置，即 N 极与 N 极相对，两磁铁之间留一等间距间隙，霍尔元件平行于磁铁放在该间隙的中轴上。间隙大小要根据测量范围和测量灵敏度要求而定，间隙越小，磁场梯度就越大，灵敏度就越高。磁铁截面要远大于霍尔元件，以尽可能的减小边缘效应影响，提高测量精确度。

若磁铁间隙内中心截面处的磁感应强度为零，霍尔元件处于该处时，输出的霍尔电势差应该为零。当霍尔元件偏离中心沿 Z 轴发生位移时，由于磁感应强度不再为零，霍尔元件也就产生相应的电势差输出，其大小可以用数字电压表测量。由此可以将霍尔电势差为零时元件所处的位置作为位移参考零点。霍尔电势差与位移量之间存在一一对应关系，当位移量较小（ <2 mm）时，这一一对应关系具有良好的线性。

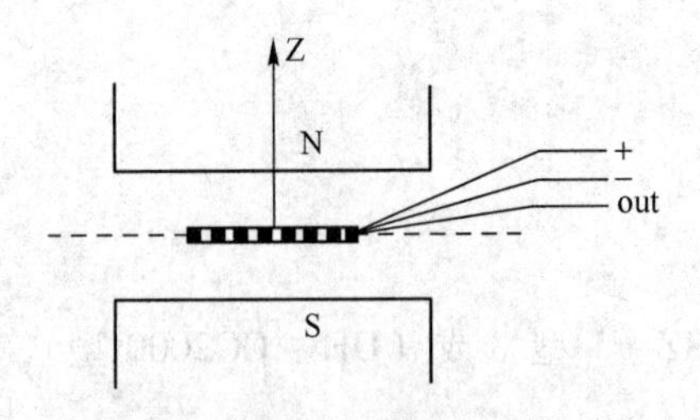

图 4-70 均匀梯度的磁场示意图

三、实验内容与步骤

1. THSRZ-1 型实验仪器的实验步骤

① 在霍尔传感器模块上，按图 4-71 所示接线。

② 开启电源，直流数显电压表选择“2 V”挡，将测微头的起始位置调到“1 cm”处，手动调节测微头的位置，先使霍尔片大概在磁钢的中间位置（数显表大致为0），固定测微头，再调节 R_{w1} 使数显表显示为零。

③ 分别向左、右不同方向旋动测微头，每隔 0.2 mm 记下一个读数，直到读数近似不变，将读数填入表 4-5。

表 4-5 *X* 与 *U* 对应关系表

X/mm														
U/mV														

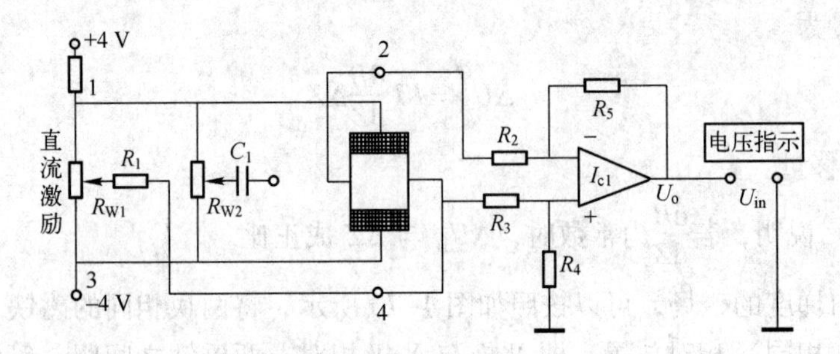

图 4-71 霍尔传感器直流激励接线图（THSRZ-1 型）

2. DH-CG2000 型实验仪器的实验步骤

（1）所需单元及部件

霍尔传感器、差动放大器、V/F 表、直流稳压电源、测微头。

（2）有关旋钮初始位置

差动放大器增益旋钮打到最小，电压表置 200 mv 挡，直流稳压电源置 2 V 挡。

（3）具体步骤

① 按图 4-72 所示接线：W_1、r 为电桥单元中的直流平衡网络。

② 开启主、副电源，将差动放大器调零后，增益旋到最小，关闭主、副电源。

③ 调节测微头与振动台吸合并使霍尔片置于半圆磁钢上下正中位置。

④ 开启主、副电源，调整 W_1 使电压表指示为零（必要时调整测微头）。

⑤ 上下旋动测微头，记下电压表的读数，建议每 0.2 mm 读一个数，从 15.0 mm 到 5.00 mm 左右为止。将读数填入表 4-6。

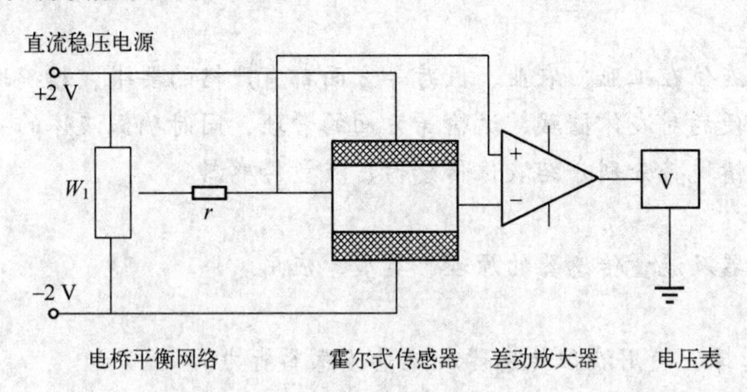

图 4-72　霍尔传感器直流激励接线图（DH－CG2000 型）

表 4-6　X 与 U 的对应关系表

X/mm												
U/V												
X/mm												
U/V												

四、数据处理

做出 $U-X$ 曲线，计算不同线性范围时的灵敏度并定性给出结论。

学习情境5 液位与流量的检测

液体的流量及液位在工业、农业、医疗等方面都有严格的要求，精确地掌握液体的流量及液位，不仅可方便的对液体储藏、运输等方面的管理，同时确保液体的安全及对液体的自动化控制。本学习情境将分别介绍液位传感器、流量传感器。

典型工作任务：

了解液位传感器及流量传感器的原理、类型、应用。

工作能力：

① 培养学生选择、使用液位传感器及流量传感器能力。

② 培养学生分析、调试液位传感器及流量传感器能力。

③ 培养学生对电气控制设备进行改造、开发和创新能力。

④ 培养学生勇于创新、敬业乐业的工作作风。

工作技能：

① 掌握液位传感器及流量传感器的结构和工作原理。

② 掌握液位传感器及流量传感器的安装方法。

③ 掌握液位传感器及流量传感器运行原理。

工作任务5.1 液位传感器

【任务提示】

静压液位计/液位变送器/液位传感器/水位传感器是一种测量液位的压力传感器。静压投入式液位变送器（液位计）是基于所测液体静压与该液体的高度成比例的原理，采用国外先进的隔离型扩散硅敏感元件或陶瓷电容压力敏感传感器，将静压转换为电信号，再经过温度补偿和线性修正，转化成标准电信号（一般为 4 ～ 20 mA/1 ～ 5 VDC）。

电容式传感器利用了非电量的变化转化为电容量的变化来实现对物理量的测量。电容式传感器广泛用于位移、振动、角度、加速度等机械量的精密测量，并正逐步扩大到压力、差压、液面（料位）、成分含量等方面的测量。

【任务目标】

掌握电容式液位传感器的结构和工作原理。

【知识技能】

电容式液位传感器系统，它利用被测体的导电率，通过传感器测量电路将液位高度变化转换成相应的电压脉冲宽度变化，再由单片机进行测量并转换成相应的液位高度进行显示，该系统对液位深度具有测量、显示与设定功能，并具有结构简单、成本低廉、性能稳定等优点。

1. 电容式液位传感器组成

图 5-1 为传感器部分的结构原理图。它主要是由细长的不锈钢管（半径为 R_1）、同轴绝缘导线（半径为 R_0）以及其被测液体共同构成的金属圆柱形电容器构成。该传感器主要利用其两电极的覆盖面积随被测液体液位的变化而变化，从而引起对应电容量变化的关系进行液位测量。

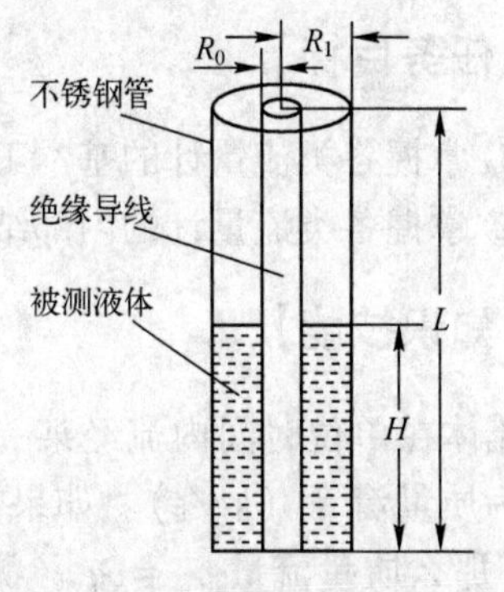

图 5-1　电容式液位传感器组成

2. 测量原理

由图 5-1 可知，当可测量液位 $H=0$ 时，不锈钢管与同轴绝缘导线构成的金属圆柱形电容器之间存在电容 C_0，根据文献得到电容量为

$$C_0=\frac{2\pi\varepsilon_0 L}{\ln(R_1/R_0)} \tag{5-1}$$

式中，C_0为电容量，单位为 F；ε_0为容器内气体的等效介电常数，单位为 F/ m；L 为液位最大高度；R_1 为不锈钢管半径；R_0为绝缘导线半径，单位为 m。当可测量液位为 H 时，不锈钢管与同轴绝缘电线之间存在电容 C_{H}，即

$$\begin{aligned}C_{\mathrm{H}}&=\frac{2\pi\varepsilon_0(L-H)}{\ln(R_1/R_0)}+\frac{2\pi\varepsilon H}{\ln(R_1/R_0)}\\&=\frac{2\pi\varepsilon_0 L}{\ln(R_1/R_0)}+\frac{2\pi(\varepsilon-\varepsilon_0)H}{\ln(R_1/R_0)}\end{aligned} \tag{5-2}$$

式中，ε_0 为容器内气体的等效介电常数，单位为 F/ m。因此，当传感器内液位由零增加到 H 时，其电容的变化量 ΔC 可由式（5-1）和式（5-2）得

$$\Delta C=C_{\mathrm{H}}-C_0=\frac{2\pi(\varepsilon-\varepsilon_0)H}{\ln(R_1/R_0)} \tag{5-3}$$

由式（5-3）可知，参数 ε_0、ε、R_1、R_0都是定值。所以电容的变化量 ΔC 与液位变化量 H 呈近似线性关系。因为参数 ε_0、ε、R_1、R_0、L 都是定值，由式（5-2）变形可得：$C_{\mathrm{H}}=a_0+$

b_0H（a_0 和 b_0 为常数）。可见，传感器的电容量值 C_H 的大小与电容器浸入液体的深度 H 呈线性关系。由此，只要测出电容值便能计算出水位。

工作任务 5.2 流量传感器

【任务提示】

用仪表内的一个固定容量的容积连续地测量被测介质，最后根据定量容积称量的次数来决定流过的总量。习惯上人们把计量表也称为流量计。根据它的结构不同，这类仪表主要有椭圆齿轮流量计、腰轮流量汁、电磁流量计、超声波流量计等。

【任务目标】

① 掌握各类流量计的基本工作原理。
② 掌握各类流量计的内部结构及适用场合。

【知识技能】

流体在单位时间内流经某一有效截面的体积或质量，前者称为体积流量（m^3/s），后者称为质量流量（kg/s）。如果在截面上速度分布是均匀的，则 $q_v = vA_F$ 如果介质的密度为 ρ，那么质量流量 $q_m = \rho q_v$。测量某一段时间内流过的流体量，即瞬时流量对时间的积分，称为流体总量。用来测量流量的仪表统称为流量计。测量总量的仪表称为流体计量表或总量计。

一、椭圆齿轮流量计

椭圆齿轮流量计又称排量流量计，属于容积式流量计的一种，在流量仪表中是精度较高的一类。它利用机械测量元件把流体连续不断地分割成单个已知的体积部分，根据计量室逐次、重复地充满和排放该体积部分流体的次数来测量流量体积总量。椭圆齿轮流量计可以选用不同的材料（铸钢、不锈钢和 316 不锈钢等）制造，适用于化工、石油、医药、电力、冶金和食品等工业部门的流量计量工作。

椭圆齿轮流量计是由计量箱和装在计量箱内的一对椭圆齿轮组成，椭圆齿轮流量计原理图如图 5-2 所示，与上下盖板构成一个密封的初月形空腔（由于齿轮的转动，所以不是绝对密封的）作为一次排量的计算单位。当被测液体经管道进入流量计时，由于进出口处产生的压力差推动一对齿轮连续旋转，不断地把经初月形空腔计量后的液体输送到出口处，椭圆齿轮的转数与每次排量四倍的乘积即为被测液体流量的总量。流量计主要是由壳体、计数器、椭圆齿轮和联轴器（分磁性联轴器和轴向联轴器）等组成。图 5-3 为 GM 系列椭圆齿轮流量计实物图。

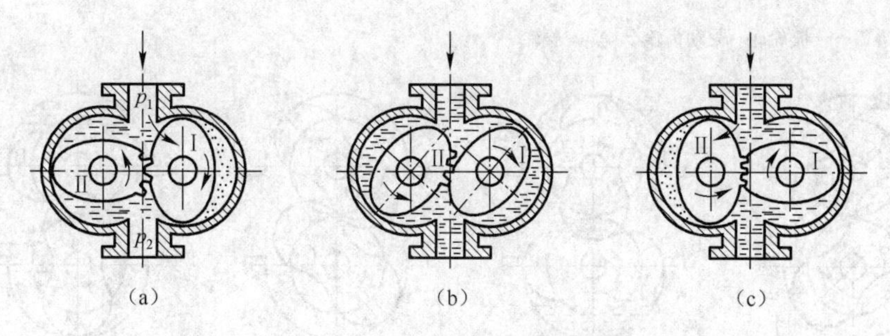

(a)　　(b)　　(c)

图5-2　椭圆齿轮流量计原理图

二、腰轮流量计

腰轮流量计又称罗茨流量计，其结构特征为：在流量计的壳体内有一个计量室，计量室内有一对或两对可以相切旋转的腰轮。在流量计壳体外面与两个搜轮同轴安装了一对传动齿轮，它们相互啮合使两个腰轮可以相互联动。

图5-3　GM系列椭圆齿轮流量计实物图

腰轮流量计的工作原理可以从图5-4中的4个过程来分析。首先在结构上，由腰轮的外轮脚和流量计壳体的内壁面可以组成其有一定容积的“斗”空间，称为“计量室”。当有流体通过流量计时，在流量计进出口流体差压的作用下，两腰轮将按正方向旋转。在图5-4（a）中，由腰轮 Q_1 和壳体形成一封闭的计量室。该计量室内所充满的流体是腰轮从进口连续流体中分隔而成的单个体积。从接轮受力分析可以看出，此时腰轮 Q_1 为主动轮。而 Q_2 所受流体压力相互平衡，不产生旋转力，所以为从动轮。由 Q_1 带动 Q_2 旋转到图5-4（b）所示位置时，将计量室中的流体排向流量计出口。从腰轮受力分析可以看出，此时两个腰轮上都产生沿图中箭头方向的旋转力，使两腰轮旋转到图5-4（c）的位置。此时与图5-4（a）的状态相反，由腰轮 Q_2 与和壳体形成一封闭的计量室，该计量室内所充满的流体是腰轮从进口连续流体中分隔而成的另一单个体积。而且，从腰轮受力分析可以看出，此时腰轮 Q_2 为主动轮，而 Q_1 所受流体压力相互平衡，不产生旋转力，所以为从动轮。由 Q_2 带动以旋转到图5-4（d）所示位置时，将计量室中的流体又排向流盆计出口。与图5-4（c）的状态一样，此时两个腰轮上都产生沿图中箭头方向的旋转力，使两眼轮继续旋转到图5-4（a）的位置。到此时，两接轮转子共旋转了180°，有两个计量室的流体被排向流量计出口。

随着腰轮从状态图5-4（a）到图5-4（d）继续旋转，就不断有流体被测且元件分隔并从进口送到出口。只要知道计量室空间的容积。和记录腰轮的转动次数 N，就可得到通过流盆计的流体体积 V，显然，对于腰轮流量计有

$$V=4Nv \tag{5-4}$$

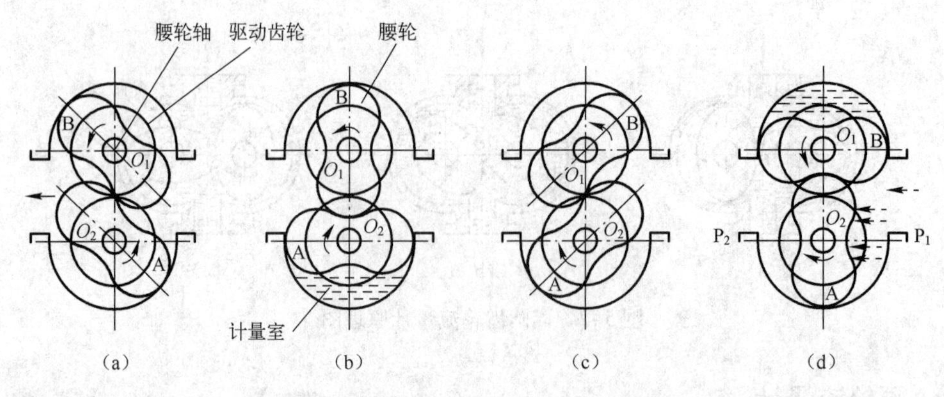

图 5-4 腰轮流量计的工作原理图

腰轮流量计能用于各种清洁液体的流量测量，尤其适用于油品计量，也可制成测量气体的流量计。它的计量准确度高，可达 0.1 ～ 0.5 级。其主要缺点有：体积大、笨重、压损较大、运行中振动较大等。图 5-5 所示为 45°角组合腰轮流量计的工作原理图，利用互成 45°角的两对腰轮结构，可以大大减小运行中的振动噪声。图 5-6 所示为腰轮流量计实物。

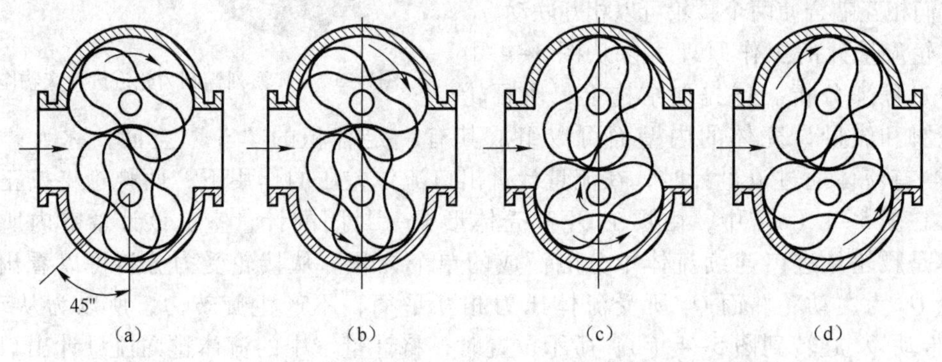

图 5-5 45°角组合腰轮流量计的工作原理图

三、电磁流量计

电磁流量计是根据法拉第电磁感应定律制成的一种测量导电液体体积流量的仪表。可以测量各种腐蚀性介质：酸、碱、盐溶液以及带有悬浮颗粒的浆液。被测介质在测量管内，由于没有阻滞部件，所以没有压力损失。此流量计无机械惯性，反应灵敏，可以测量脉冲流量，而且线性较好，可以直接进行等分刻度。但电磁流量计，由于只能测量导电液体，因此对于气体、蒸汽以及含大量气泡的液体，或者电导率很低的液体不能测量。由于测量管内衬

图 5-6 腰轮流量计实物

材料一般不宜在高温下工作，所以目前一般的电磁流量计还不能用于测量高温介质。

电磁流量计原理图如图5-7所示，设在均匀磁场中，垂直于磁场方向有一个直径为D的管道。管道由不导磁材料制成，当导电的液体在导管中流动时，导电液体切割磁感线，因而在磁场及流动方向垂直的方向上产生感应电动势，如安装一对电极，则电极间产生和流速成比例的电位差，其中

$$E = BDv \tag{5-5}$$

$$qv = \frac{\pi D^2}{4} v = \frac{\pi DE}{4B} \tag{5-6}$$

式中，E为感应电动势；B为磁感应强度；D为管道内径；v为液体在管道内平均流速。

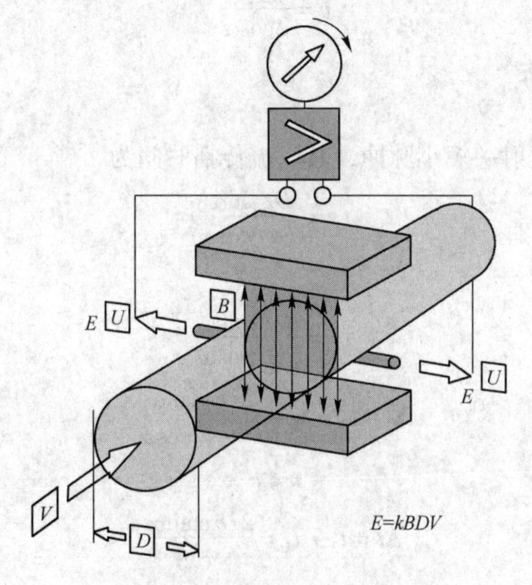

图5-7　电磁流量计原理图

四、超声波流量计

当超声波在流体中传播时，会载带流体流速的信息。因此，根据对接收到的超声波信号进行分析计算，可以检测到流体的流速，进而可以得到流量值。超声波流量测量方法有很多，本节主要介绍传播速度差法和多普勒法的基本原理与流量方程。

1. 传播速度差法的基本原理

通过测量超声波脉冲在顺流和逆流传播过程中的速度之差来得到到被测流体的流速。根据测量的物理量的不同，可以分为时差法（测量顺、逆流传播时由于超声波传播速度不同而引起的时间差）、相差法（测量超声波在顺、逆流中传播的相位差）、频差法（测量顺、逆流情况下超声脉冲的循环频率差）。频差法是目前常用的测量方法，它是在前两种测量方法的基础上发展起来的。

超声波计量原理图如图 5-8 所示，在测量管道中，装两个超声波发射换能器 F_1 和 F_2 以及两个接收换能器 J_1 和 J_2，F_1、J_1 和 F_2、J_2 与管道轴线夹角为 α，管径为 D，流体由左向右流动，速度为 v，此时由 F_1 到 J_1 超声波传播速度为

$$c_1 = c + v\cos\alpha \tag{5-7}$$

F_2 到 J_2 超声波传播速度为

$$c_2 = c - v\cos\alpha$$

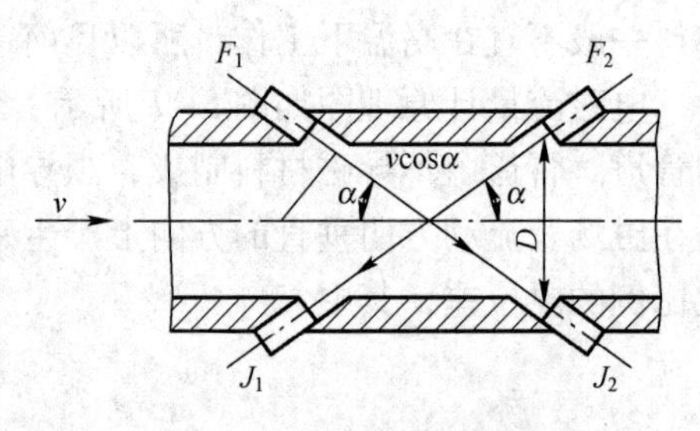

图 5-8 超声波计量原理图

$$v = \frac{c_1 - c_2}{2\cos\alpha} \tag{5-8}$$

2. 测量速度差的方法

(1) 时差法

如果超声波发生器发射一短小脉冲，其顺流传播时间为

$$t_1 = \frac{D/\sin\alpha}{c + v\cos\alpha} \tag{5-9}$$

而逆流传播的时间为

$$t_2 = \frac{D/\sin\alpha}{c - v\cos\alpha}$$

$$\Delta t = t_2 - t_1 = \frac{2Dv\mathrm{ctan}\alpha}{c^2 - v^2\cos\alpha}$$

$$v \ll c$$

$$\Delta t = t_2 - t_1 = \frac{2Dv\mathrm{ctan}\alpha}{c^2}$$

$$v = \frac{c^2\Delta t}{2D\mathrm{ctan}\alpha}$$

$$q_v = Av = \frac{\pi D^2}{4} \times \frac{c^2\Delta t}{2D\mathrm{ctan}\alpha} = \frac{\pi D\Delta t}{8\tan\alpha} \tag{5-10}$$

(2) 相差法

所谓相差法，即是通过测量超声波在顺流和逆流时传播的相位差来得到流速。

设超声波发射的圆频率为：$\omega = 2\pi F$ 时，发射超声波的形式可表示为

$$S(t) = A\sin(\omega t + v_0) \tag{5-11}$$

式中，A 为超声波的幅值；v_0 为初始相位。

若假定在 $t=0$ 时，有 $v_0=0$，由式（5-11）可知，在顺流方向发射，收到信号的相角为：$v_1 = \omega t_1$，在逆流方向发射，收到信号的相角为：$v_2 = \omega t_2$。

在顺流和逆流时收到声波信号相位差为

$$\Delta v = v_2 - v_1 = \omega\Delta t \tag{5-12}$$

由此可得相差法测量流体流速的计算公式为

$$\Delta\varphi = \omega \frac{2Dv\tan\alpha}{c^2}$$

$$q_v = \frac{Dc^2\tan\alpha}{16f}\Delta\varphi \tag{5-13}$$

（3）频差法

频差法是通过测量顺流和逆流时超声脉冲的重复频率差去测量流速。在单通道法中脉冲重复频率是在一个发射脉冲被接收器接收之后，立即发射出一个脉冲，这样以一定频率重复发射，对于顺流和逆流重复发射频率为

$$f_1 = \frac{c + v\cos\alpha}{D/\sin\alpha} = \frac{(c + v\cos\alpha)\sin\alpha}{D}$$

$$f_2 = \frac{c - v\cos\alpha}{D/\sin\alpha} = \frac{(c - v\cos\alpha)\sin\alpha}{D}$$

$$\Delta f = f_2 - f_1 = \frac{\sin2\alpha}{D}v$$

$$qv = \frac{\pi D^3 \Delta f}{4\sin2\alpha} \tag{5-14}$$

3. 多普勒方法

多普勒法是利用声学多普勒原理确定流体流量的。多普勒效应是当声源和目标之间有相对运动，会引起声波在频率上的变化，这种频率变化正比于运动的目标和静止的换能器之间的相对速度。

图5-9是超声多普勒流量计示意图。超声换能器安装在管外。从发射晶体 T_1 发射的超声波束遇到流体中运动着的颗粒或气泡，再反射回来由接收晶体 R_1 接收。发射信号与接收信号的多普勒频率偏移与流体流速成正比。如忽略管壁影响，并假设流体没有速度梯度，以及粒子是均匀分布的，可得方程

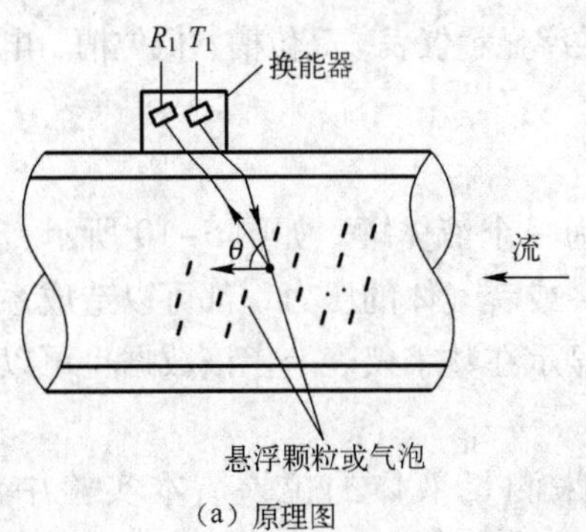

（a）原理图

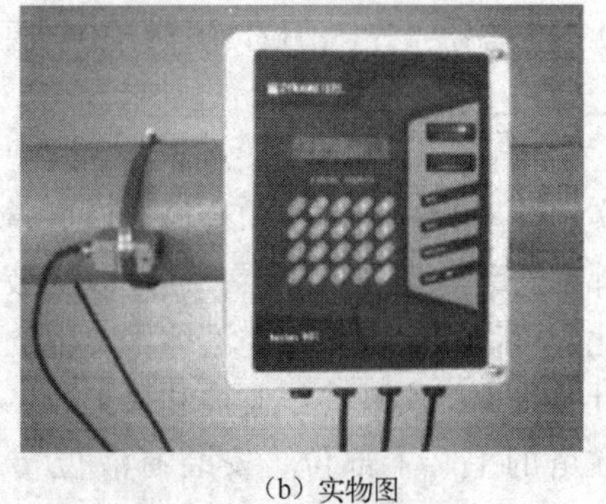

（b）实物图

图5-9　超声多普勒计量原理图及实物图

$$\Delta f = f_1 - f_2 = \frac{2v\cos\theta}{c} f_1$$

$$qv = \frac{Ac}{2f_1\cos\theta}\Delta f \tag{5-15}$$

实验案例　压力和液位传感器测量实验

【实验提示】

压力传感器是工业实践中最为常用的一种传感器，其广泛应用于各种工业过程的测量和自控，包括石油、化工、航空、制药、环境等不同的行业和过程，按照不同的类型，还可以有用来测量液体或气体压力的，测量物体重量的，测量流体压差，以及测量物体的位移量。也可以分别称为压力传感器、重量传感器、液位传感器和差压传感器等名称，本任务将简单介绍一些常用传感器原理及其应用。

【实验目标】

通过本实验使学生熟悉压力传感器、液位传感器的安装、使用以及工作原理和结构，掌握传感器、数字转换仪表的连接和参数设置，学会如何测定和校正传感器的量程曲线，锻炼学生的自主学习能力与独立工作能力，培养学生团队协作与规范操作的职业素养。

【实验设计】

一、实验器材

压力传感器一台、液位传感器一台、直流电源、数字显示仪表、高位槽、低位槽、电磁阀。

二、实验原理

实验装置为一个透明的有机玻璃塔，也可以作为一个液体罐。如图 5-10 所示，在塔体的下部，安装有压力传感器，通过改变液体的高度，或者气体的压力，都可以造成系统压力的变化，可以用来测量塔内液体水产生的压力，并显示在数字仪表上。该数据也可以直接连接到计算机上，实现在线监控和采集。

在塔的上、下部位，安装有液位传感器，用来测量液体的位差。本实验中液体是水，不管液体上方的气体压力如何变化，液位传感器只是测量上下两个测量口之间的压力差。

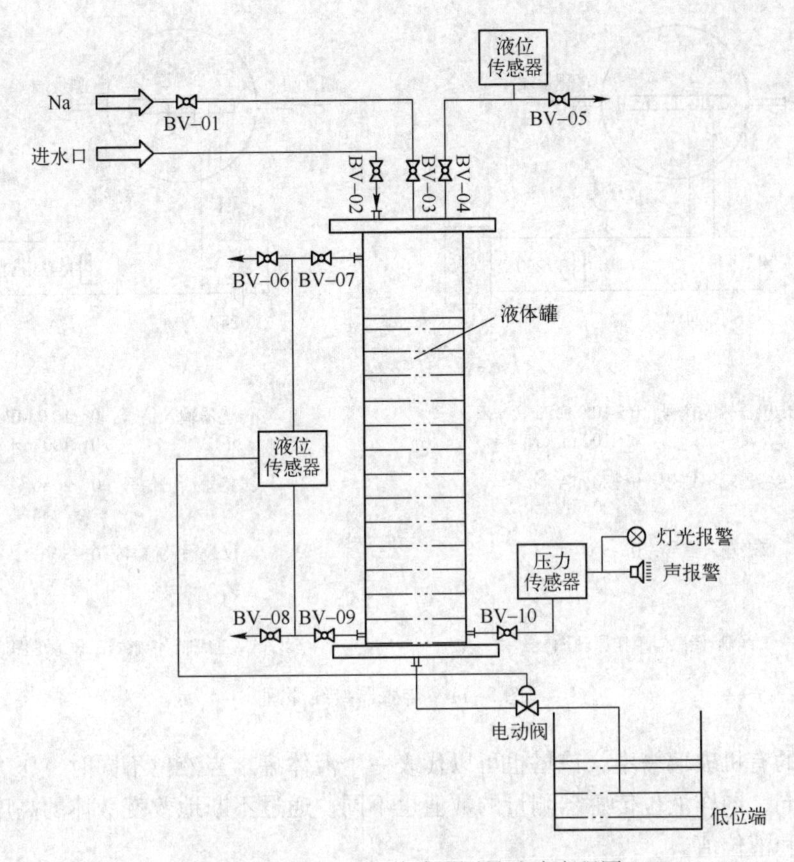

图5-10　压力/液位传感器测量试验流程图

压力传感器的种类繁多，有压阻式压力传感器、电容式压力传感器、半导体应变片压力传感器电、感式压力传感器、谐振式压力传感器及电容式加速度传感器等。但应用最为广泛的是压阻式压力传感器，它具有极低的价格和较高的精度以及较好的线性特性传感器接线原理如图5-11所示。。

压阻式压力传感器通常是将电阻膜片通过特殊的黏合剂紧密的黏合在一个固定基体上，当基体受力发生应力变化时，膜片的电阻值也发生相应的改变，如果电路中有一个恒流源，从而使加在电阻上的电压发生变化。通过用电桥放大后测量该电压值，就可以知道施加到膜片上的压力值。电阻膜片应用最多的是金属电阻膜片和半导体膜片两种。金属电阻膜片又分丝状膜片和金属箔状片两种。

金属电阻膜片是利用吸附在基体材料上金属丝或金属箔受应力变化时，电阻发生变化的特性来测量的。应变电阻随机械形变而产生阻值变化的现象，俗称为电阻应变效应。

采用水的变化来引起压力和压差的变化，用压力传感器来测量气体或液体的压力，用差压传感器来测量液位的差别，也就是液体高度。实验采用水为实验物系，水可以连续的加入

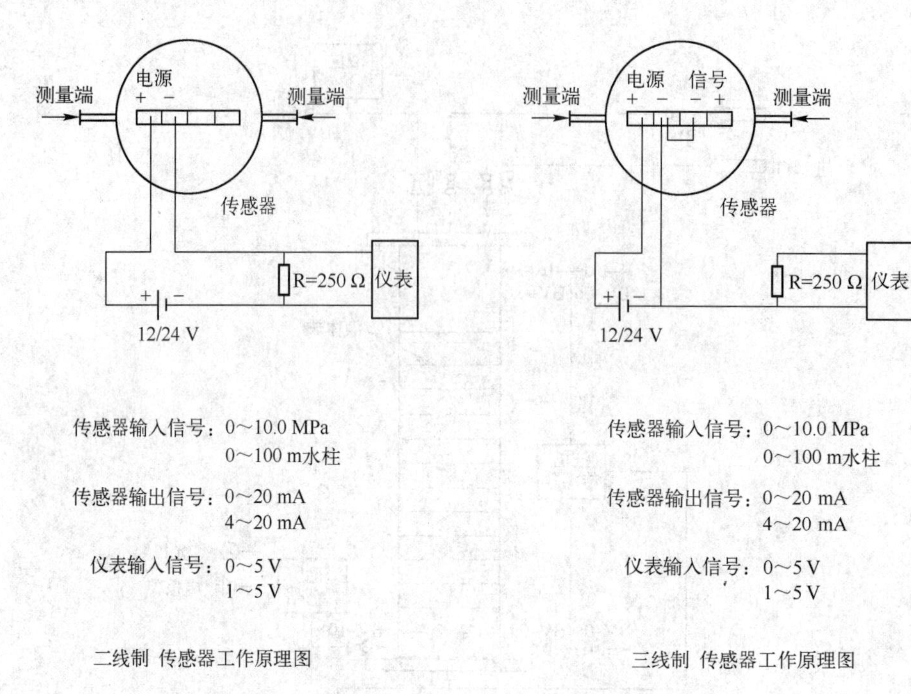

图 5-11 传感器接线原理

到一个透明的有机玻璃塔中，该塔也可以代表一个液体罐。当液位不同时，压力传感器测量到的压力不同，同样液位传感器测量的数值也不同。通过不断地改变液体的高度，就可测出不同的压力和液位值。

三、实验步骤

① 检查实验装置的仪器和设备是否完好。

② 将水管连接到水龙头上，并连接到有机玻璃塔的进口，检查是否漏水、水能否流入到塔内。

③ 检查压力传感器、液位传感器连线是否正确，并按照实验原理和仪表说明书，将信号、电源线连接好。

本实验中，压力传感器采用 250 Ω 的电阻，INP 采用第 33 个，正极接“17”，负极接“18”；液位传感器采用 50 Ω 的电阻，INP 采用第 32 个，正极接“19”，负极接“18”。

④ 连接完成后，让指导教师检查。待教师确认后，可以开始实验。

⑤ 按照仪表的操作说明和传感器的量程说明，设定好仪表的输入上下限。压力传感器的范围为 0 ～ 1 atm，液位传感器的范围为 0 ～ 5 m。

⑥ 改变液体的高度，每次改变 10 cm 水柱，分别记录压力传感器的数值和液位传感器的数值，记录液体的温度。

⑦ 从玻璃塔下的放水阀往外放水，每次改变 10 cm 水柱，也分别记录压力传感器的数值

和液位传感器的数值，记录液体的温度。

四、实验数据计算和处理

往有机玻璃塔内加水时记录的实验数据见表5-1。

表5-1　实 验 数 据

压力显示值/atm	液位显示值/m	液体高度/m	液体温度/℃	液体密度/Kg·m^3

从塔内放水时记录的实验数据见表5-2。

表5-2　实 验 数 据

压力显示值/atm	液位显示值/m	液体高度/m	液体温度/℃	液体密度/Kg·m^3

将在某一液位高度下记录的两组数据取平均值，见表5-3。

表 5-3 计 算 数 据

压力显示值/atm	液位显示值/m	液体高度/m	液体温度/℃	液体密度/kg · m^3

1. 压力传感器测量校正曲线

把压力传感器测量的数值和用水的高度换算的数值，在直角坐标上作图，如图 5-12 所示，横坐标为压力传感器测量的实际数值，纵坐标为用水的密度、温度和高度换算出的水压力，这些点可以连接成一条直线，以后只要根据仪表读数，就可以知道真实的压力了。

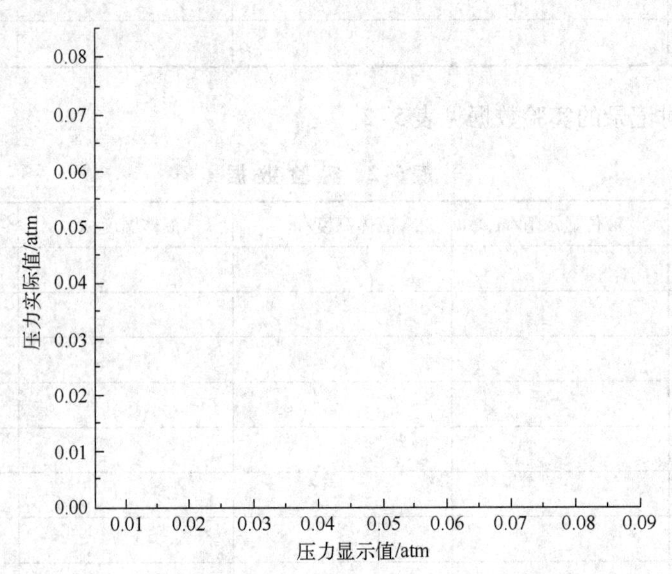

图 5-12 压力实际值与压力显示值曲线

根据 $P=\rho gh$，$g=9.8$ N/Kg，ρ 为液体在某一温度下密度，h 为实际液位高度。第一行数据忽略，对第二行数据：$P=997.045\ \mathrm{Kg/m^3}\times 9.8\ \mathrm{N/Kg}\times 0.1\times 10^{-5}=0.010\ \mathrm{atm}$。

其余以此类推，将所得数据填入表 5-4 中。

表5-4　压力实际值计算数据

压力显示值/atm								
压力实际值/atm								

2. 液位传感器测量校正曲线

将液位实际值与显示值数据填入表5-5中。把液位传感器测量的数值和用水的实际高度，在直角坐标上作图，如图5-13所示，横坐标为液位传感器测量的数值，纵坐标为水的实际测量高度，这些点可以连接成一条直线，以后只要根据仪表读数，就可以知道实际的液位高度。

表5-5　液位实际值与显示值数据

液位显示值/m								
液位实际值/m								

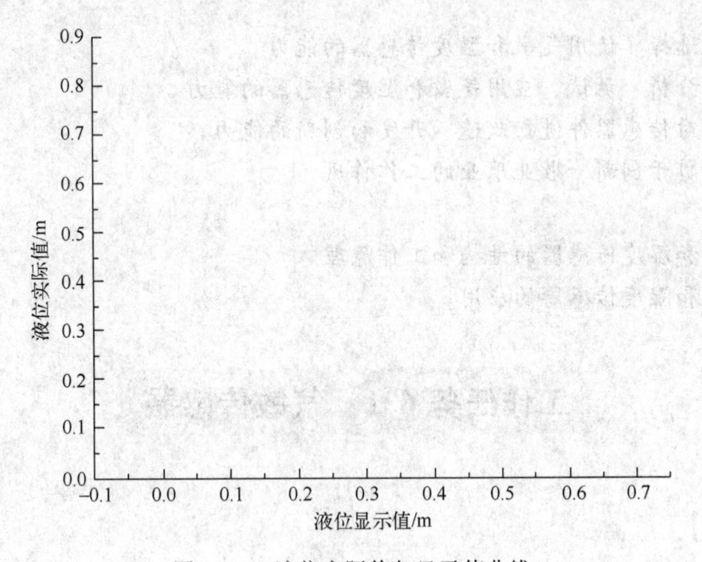

图5-13　液位实际值与显示值曲线

五、实验结果及讨论

结　果	
讨　论	

学习情境6 环境量的检测

无论是人类的日常生活还是工厂的生产活动均与周围的环境息息相关。气体的浓度和湿度都有严格要求，如空气中的有害气体浓度超标将导致人类及动物造成极度不适甚至死亡，可燃性气体如一氧化碳、甲烷等泄露容易引起火灾甚至爆炸。同样在工业、农业、医疗等场合对湿度的要求有着严格的规定，如粮仓中的空气湿度超过一定值，粮食很容易霉变、变质。

典型工作任务：

掌握常用气敏、湿度传感器的原理、类型、应用。

工作能力：

① 培养学生选择、使用气敏和湿度传感器的能力。

② 培养学生分析、调试、应用气敏和湿度传感器的能力。

③ 培养学生对传感器件进行改造、开发和创新的能力。

④ 培养学生勇于创新、敬业乐业的工作作风。

工作技能：

① 掌握气敏和湿度传感器的结构和工作原理。

② 掌握气敏和湿度传感器的应用。

工作任务 6.1 气敏传感器

【任务提示】

气敏传感器是能感知环境中某种气体及其浓度的一种器件，它将气体种类及其与浓度有关的信息转换成电信号，根据这些电信号的强弱就可以获得与待测气体在环境中存在情况有关的信息，从而可以进行检测、监控、报警；还可以通过接口电路与计算机组成自动检测、控制和报警系统。

【任务目标】

① 掌握气敏传感器的工作原理。

② 掌握电阻型气敏传感器、非电阻型气敏传感器的工作原理。

③ 熟悉气敏传感器的应用。

【知识技能】

一、气敏传感器定义及要求

1. 定义

气敏传感器是指能将被测气体浓度转换为与其成一定关系的电量输出的装置或器件。

2. 选择要求

① 能够检测爆炸气体的允许浓度、有害气体的允许浓度和其他基准设定浓度．并能及时给出报警、显示和控制信号。

② 对被测气体以外的共存气体或物质不敏感。

③ 性能长期稳定性好。

④ 响应迅速，重复性好。

⑤ 维护方便，价格便宜等。

一般情况下，要检测的气体种类是已知的。因此，检测方法的选择范围自然就缩小了。另外，其使用场所以工厂现场和家庭为主，只是在选择标准方面有些不同。

二、气敏传感器种类

一般认为，气敏传感器的定义是以检测目标为分类基础的，也就是说，凡是用于检测气体成分和浓度的传感器都称作气体传感器，不管它是用物理方法，还是用化学方法。比如，检测气体流量的传感器不被看作气敏传感器，但是热导式气敏分析仪却属于重要的气敏传感器，尽管它们有时使用大体一致的检测原理。早在上个世纪 70 年代，气敏传感器就已经成为传感器领域的一个大系，属于化学传感器的一个分支。目前流行于市场的气敏传感器大约有如下一些种类：

1. 半导体式气敏传感器

它是利用一些金属氧化物半导体材料，在一定温度下，电导率随着环境气体成分的变化而变化的原理制造的。比如，酒精传感器，就是利用二氧化锡在高温下遇到酒精气体时，电阻会急剧减小的原理制备的。

半导体式气敏传感器可以有效地用于：甲烷、乙烷、丙烷、丁烷、酒精、甲醛、一氧化碳、二氧化碳、乙烯、乙炔、氯乙烯、苯乙烯、丙烯酸等很多气体的检测。尤其是，这种传感器成本低廉，适宜于民用气体检测的需求。

下列几种半导体式气敏传感器是成功的：甲烷（天然气、沼气）、酒精、一氧化碳（城市煤气）、硫化氢、氨气（包括胺类、肼类），高质量的传感器可以满足工业检测的需要。

缺点：稳定性较差，受环境影响较大；尤其是每一种传感器的选择性都不是唯一的，输出参数也不能确定。因此，不宜应用于计量准确要求的场所。

2. 催化燃烧式气体传感器

这种传感器是在白金电阻的表面制备耐高温的催化剂层，在一定的温度下，可燃性气体在其表面催化燃烧，燃烧白金电阻温度升高，电阻变化，变化值是可燃性气体浓度的函数。催化燃烧式气体传感器选择性地检测可燃性气体：凡是可以燃烧的，都能够检测；凡是不能燃烧的，传感器都没有任何响应。当然，“凡是可以燃烧的，都能够检测”这一句有很多例外，但是总的来讲，上述选择性是成立的。

催化燃烧式气体传感器计量准确、响应快速、寿命较长。传感器的输出与环境的爆炸危险直接相关，在安全检测领域是一类主导地位的传感器。

缺点：在可燃性气体范围内，无选择性；暗火工作，有引燃爆炸的危险；大部分元素有机蒸汽对传感器都有中毒作用。

3. 热导池式气体传感器

每一种气体，都有自己特定的热导率，当两个和多个气体的热导率差别较大时，可以利用热导元件，分辨其中一个组分的含量。这种传感器已经用于氢气的检测、二氧化碳的检测、高浓度甲烷的检测。这种气体传感器可应用范围较窄，限制因素较多。这是一种老式产品，全世界各地都有制造商。产品质量全世界大同小异。

4. 电化学式气体传感器

相当一部分的可燃性的、有毒有害气体都有电化学活性，可以被电化学氧化或者还原。利用这些反应，可以分辨气体成分、检测气体浓度。电化学气体传感器分很多子类。

① 原电池型气体传感器，又称加伏尼电池型气体传感器、燃料电池型气体传感器、自发电池型气体传感器，他们的原理行同干电池原理，只是电池的碳锰电极被气体电极替代了。以氧气传感器为例，氧在阴极被还原，电子通过电流表流到阳极，在那里铅金属被氧化。电流的大小与氧气的浓度直接相关。这种传感器可以有效地检测氧气、二氧化硫、氯气等。

② 恒定电位电解池型气体传感器，这种传感器用于检测还原性气体非常有效，它的原理与原电池型传感器不一样，它的电化学反应是在电流强制下发生的，是一种真正的库仑分析的传感器。这种传感器已经成功地用于：一氧化碳、硫化氢、氢气、氨气、肼等气体的检测之中，是目前有毒有害气体检测的主流传感器。

③ 浓差电池型气体传感器，具有电化学活性的气体在电化学电池的两侧，会自发形成浓差电动势，电动势的大小与气体的浓度有关，这种传感器的成功实例就是汽车用氧气传感器、固体电解质型二氧化碳传感器。

④ 极限电流型气体传感器，有一种测量氧气浓度的传感器利用电化池中的极限电流与载流子浓度相关的原理制备氧（气）浓度传感器，用于汽车的氧气检测和钢水中氧浓度检测。

5. 红外线气体传感器

大部分的气体在中红外区都有特征吸收峰，检测特征吸收峰位置的吸收情况，就可以确定某气体的浓度。

这种传感器过去都是大型的分析仪器，但是近些年，随着以 MEMS 技术为基础的传感器工业的发展，这种传感器的体积已经由 10 L、45 kg 的巨无霸，减小到 2 mm（拇指大小）左右。使用无需调制光源的红外探测器使得仪器完全没有机械运动部件，完全实现免维护。

红外线气体传感器可以有效地分辨气体的种类，准确测定气体浓度。

这种传感器成功地用于：二氧化碳、甲烷的检测。目前这种传感器的供应商在欧洲，中国在这一领域目前是半空白。

6. 磁性氧气传感器

这是磁性氧气分析仪的核心，但是目前也已经实现了“传感器化”进程。它是利用空气中的氧气可以被强磁场吸引的原理制备的。这种传感器只能用于氧气的检测，选择性极好。

7. 其他

近年来，随着新技术的不断涌现，气敏传感器技术也在不断发生着相应的革命。气敏传感器的种类也在随着增添新丁。但是，有些传感器是否应该列在气敏传感器名下颇有争议，比如 PID 检测器，尽管也是用于气体的检测，尽管体积一样小巧，但是，由于不能真正实现免维护化，因此，这种装备，无论体积有多小，都应该列在“检测仪器”的名下。另外，以光导纤维为基础的光学传感器发展迅猛，尽管还没有对电子传感器构成绝对的“威胁”，但是其特有的优势，或许有一天大放异彩。

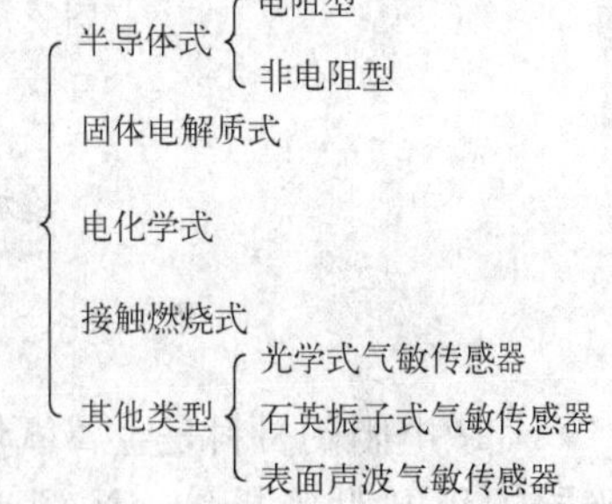

图 6-1　常用气敏传感器分类

常用气敏传感器分类如图 6-1 所示。本节主要讲解半导体材料构成的气敏传感器，半导体气敏传感器又可分为电阻型和非电阻型的。目前电阻型半导体气敏传感器在市场上用途较为广泛。表 6-1 为电阻式与非电阻式气敏传感器主要特性。

表 6-1　电阻式与非电阻式气敏传感器主要特性

传　感　器	主要的物理特性	传感器举例	工 作 温 度	代表性被测物质
电阻式气敏传感器	表面控制层	氧化锡、氧化铅	20～450℃	可燃性气体
	体控制层	$La_{1-x}Sr_xCoO_3$ $r-Fe_2O_3$ 氧化钛、氧化钴、氧化镁、氧化锡	300～450℃ 700℃以上	酒精 可燃性气体 氧气
非电阻式气敏传感器	表面电位	氧化银	室温	硫醇
	二极管整流特性	铂/硫化镉 铂/氧化钛	20～200℃	氢气、一氧化碳、酒精
	晶体管特性	铂栅 MOS 场效应管	150℃	氢气、硫化氢

三、电阻型半导体气敏传感器

电阻式半导体气敏传感器是用氧化锡、氧化锌等金属氧化物材料制作的敏感元件，利用其阻值的变化来检测气体的浓度。气敏元件是多孔质烧结体、厚膜以及目前正在研制的薄膜等。

氧气等氧化型气体—电子接收性气体（具有负离子吸附倾向的气体）吸附到N型半导体上，半导体的载流子减少，电阻率上升；吸附到P型半导体上，半导体的载流子增多，电阻率下降。

氢、碳氧化合物、醇等还原型气体—电子供给性气体（具有正离子吸附倾向的气体）吸附到N型半导体上，半导体的载流子增多，电阻率下降；吸附到P型半导体上，半导体的载流子减少，电阻率上升。图6-2所示为N型半导体与气体接触时的氧化还原情况。

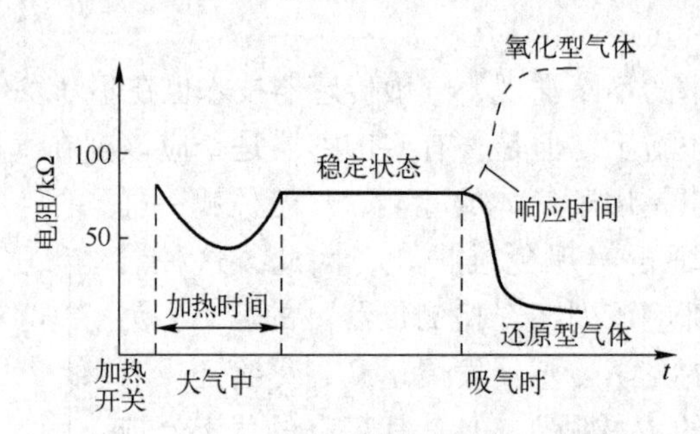

图6-2　N型半导体与气体接触时的氧化还原反应

气敏电阻的材料是金属氧化物，合成时加敏感材料和催化剂烧结，金属氧化物有：N型半导体和P型半导体。N型半导体如：SnO_2、Fe_2O_3、ZnO、TiO，P型半导体如：CoO_2、PbO、MnO_2、CrO_3。这些金属氧化物在常温下是绝缘的，制成半导体后则显示出气敏特性。

通常器件工作在空气中，由于氧化的作用，空气中的氧被半导体（N型半导体）材料的电子吸附负电荷，结果半导体材料的传导电子减少，电阻增加，使器件处于高阻状态；当气敏元件与被测气体接触时，会与吸附的氧发生反应，将束缚的电子释放出来，敏感膜表面电导增加使元件电阻减小。

SnO_2是电阻型金属氧化物半导体传感器的气敏材料的典型代表，这类半导体传感器的使用温度较高，大约200～500℃。为了进一步提高它们的灵敏度，降低工作温度，通常向母料中添加一些贵金属（如Ag、Au、Pb等），激活剂及黏接剂Al_2O_3、SiO_2、ZrO_2等。目前常见的SnO_2系列气敏元件主要有薄膜型、厚膜型和烧结型，前两种应用潜力较大，最后一种应用最为普遍。

1. 薄膜SnO_2气敏传感器

由于烧结型SnO_2气敏元件的工作温度约300℃，此温度下贵金属与环境中的有害气体（如SO_2之类）作用会发生“中毒”现象，使其活性大幅度下降，因而造成气敏元件的气敏性能下降，长期稳定性、气体识别能力等降低。薄膜型 SnO_2气敏元件的工作温度较低（约为 250 ℃），并且这种元件具有很大的表面积，自身的活性较高，本身气敏性很好；且催化剂“中毒”不十分明显。

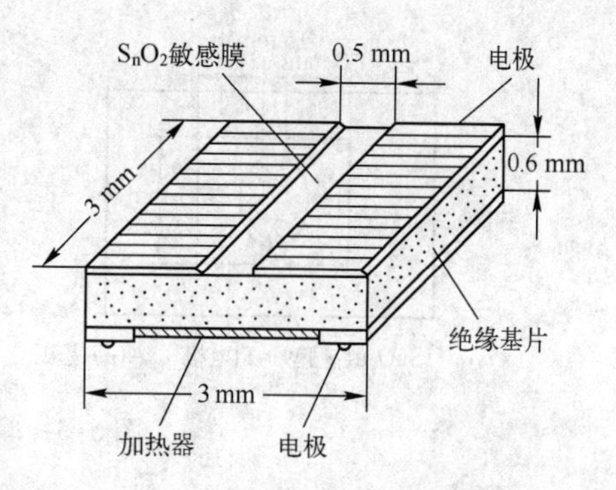

图6-3 薄膜型气敏传感器结构

薄膜型器件一般是在绝缘基板上，蒸发或溅射一层 SnO_2 薄膜再引出电极。具体结构如图6-3所示。并且可利用器件对不同气体的敏感特性实现对不同气体的选择性检测。图6-4为薄膜 SnO_2 气敏传感器对 CO 和 C_2H_5OH 的敏感特性曲线拟合图。

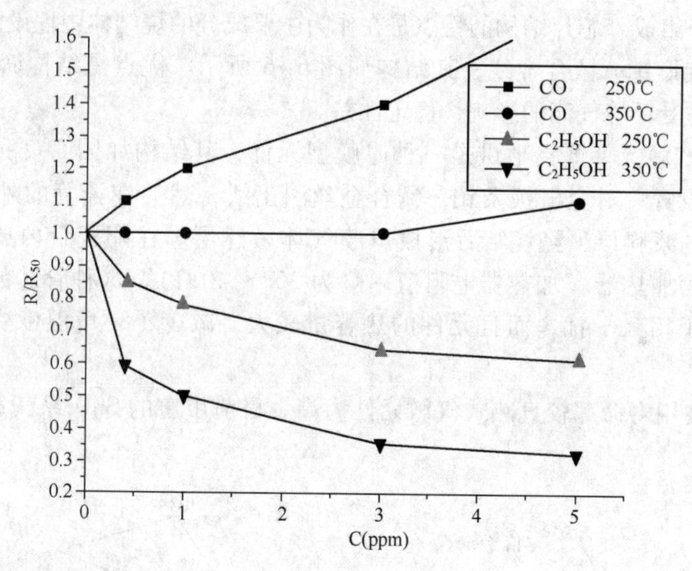

图6-4 薄膜 SnO_2 气敏传感器对 CO 和 C_2H_5OH 的敏感特性

2. 厚膜 SnO_2 气敏传感器

厚膜型 SnO_2 气敏元件是用丝网印刷技术将浆料制备而成的，其机械强度和一致性都比较好，且与厚膜混合集成电路工艺能较好相容，可将气敏元件与阻容元件制作在同一基片上，利用微组装技术与半导体集成电路芯片组装在一起，构成具有一定功能的器件。图6-5为厚膜 SnO_2 气敏传感器结构。

3. 烧结型 SnO_2 气敏传感器

烧结型 SnO_2气敏元件是目前工艺最成熟的气敏元件，其敏感体是用粒径很小的 SnO_2 粉体为基本材料，与不同的添加剂混合均匀，采用典型的陶瓷工艺制备，工艺简单，成本低廉。主要用于检测可燃的还原性气体，敏感元件的工作温度约 300 ℃。按照其加热方式，分

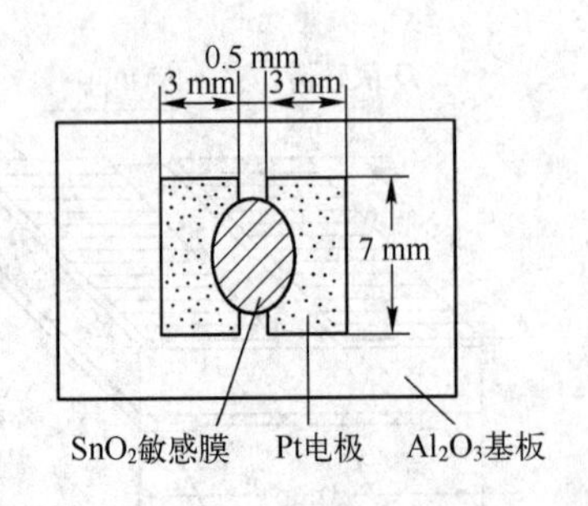

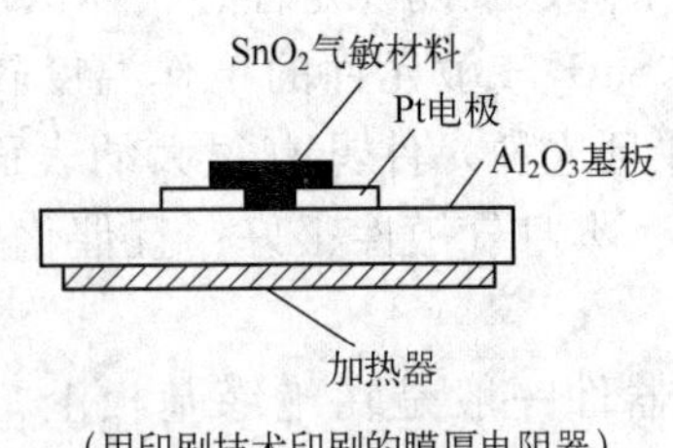

图 6-5　厚膜 SnO_2 气敏传感器结构

为直热式和旁热式两种。

直热式 SnO_2气敏元件，又称为内热式器件。由芯片（包括敏感体和加热器）、基座和金属防爆网罩三部分组成。芯片结构的特点是在作为主要成分的烧结体中埋设两根作为电极并兼作加热器的螺旋形铂—铱合金线，其结构如图 6-6 所示。优点是结构简单，成本低廉，但其热容量小，易受环境气流的影响，稳定性差。

旁热式 SnO_2气敏元件严格地讲是一种厚膜型元件，其结构如图 6-7 所示。在一根薄壁陶瓷管的两端设置一对金电极及铂—铱合金丝引出线，然后在瓷管的外壁涂覆以 SnO_2 为基础材料配制的浆料层，经烧结后形成厚膜气体敏感层。在陶瓷管内放入一根螺旋形高电阻金属丝作为加热器（加热器电阻值一般为 30 ～ 40 Ω）。这种管芯的测量电极与加热器分离，避免了相互干扰，而且元件的热容量较大，减少了环境温度变化对敏感元件特性的影响。

其可靠性和使用寿命都较直热式气敏元件为高。目前市售的 SnO_2 系气敏元件大多为这种结构形式。

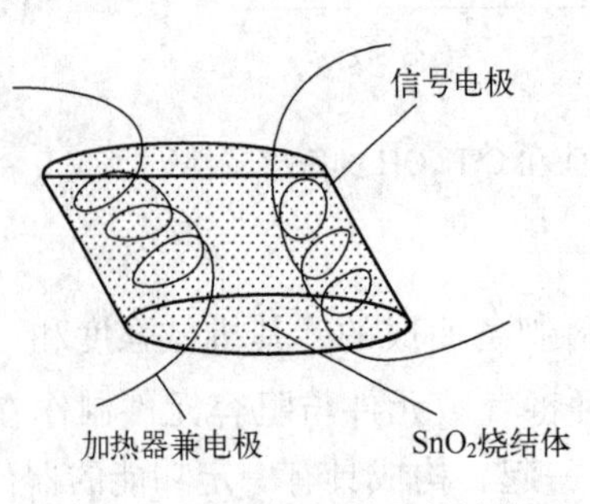

图 6-6　直热式气敏器件结构

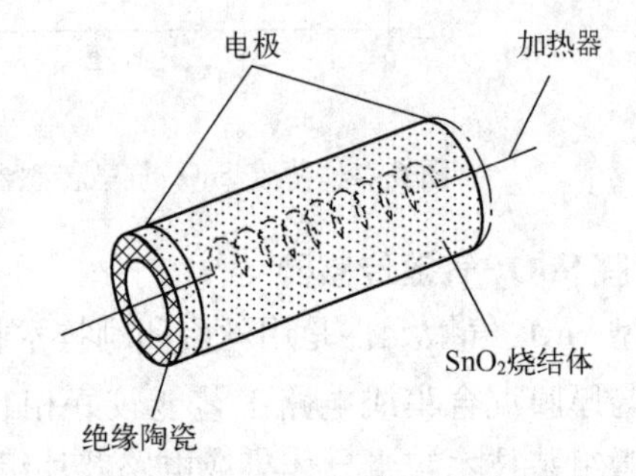

图 6-7　旁热式气敏元件结构

四、非电阻型半导体气敏传感器

非电阻型气敏传感器主要包括利用 MOS 二极管的电容 - 电压特性变化的 MOS 二极管型气敏传感器和利用 MOS 场效应管的阈值电压变化的 MOS 场效应管型气敏传感器。

Pd - MOS 二极管气敏元件是在 P 型硅上集成一层二氧化硅层，在氧化层蒸发一层钯（Pd）金属膜作栅电极。氧化层（SnO_2）的电容 Ca 是固定不变的。而硅片与 SnO_2 层电容 Cs 是外加电压的函数，所以总电容 C 是栅极偏压的函数，其函数关系称为该 MOS 管的电容—电压（C—U）特性。MOS 二极管的等效电容 C 随电压 U 变化。图 6-8 为 Pd - MOS 二极管敏感元件结构和等效电路。

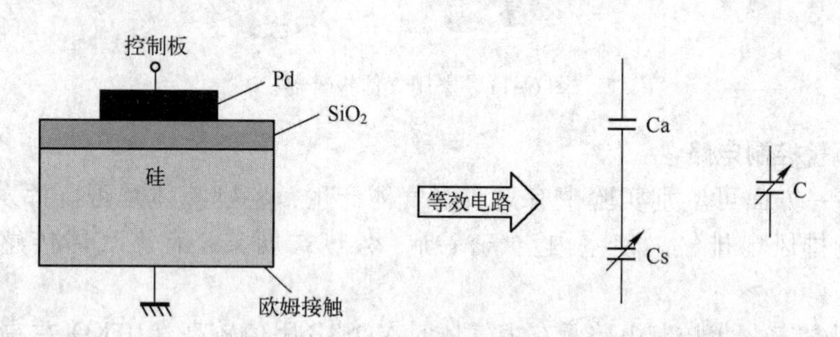

图 6-8　Pd - MOS 二极管敏感元件结构和等效电路

由于金属钯（Pd）对氢气特别敏感。当 Pd 吸附氢气以后，使 Pd 的功函数下降，且所吸附气体的浓度不同功函数变化量不同，这将引起 MOS 管的 $C-U$ 特性向左平移（向负方向偏移），如图 6-9 所示。由此可测定氢气的浓度。

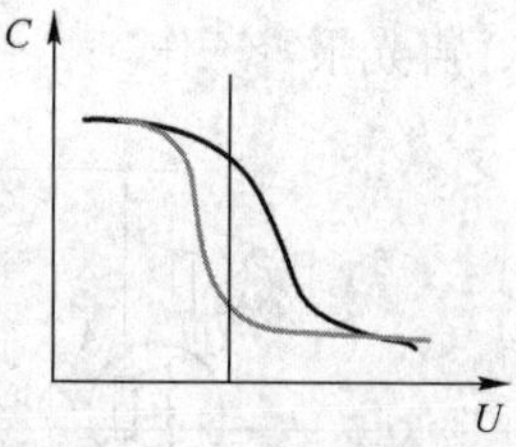

图 6-9　MOS 管的 $C-U$ 特性

五、半导体气体传感器的应用举例

1. 气体报警器

这种报警器可根据使用气体种类，安放于易检测气体泄漏的地方。这样就可随时监测气体是否泄漏，一旦泄漏气体达到危险浓度，便自动发出报警信号。设计报警器时，重要的是如何确定开始报警的浓度，一般情况下，对于丙烷、丁烷、甲烷等气体，都选定在其爆炸下限的十分之一。

家用气体报警器电路原理：气体传感器采用直热式气敏器件 TGSl09，当室内可燃气体增加时，由于气敏器件接触到可燃性气体而其阻值降低，这样流经测试回路的电流增加，可直接驱动蜂鸣器报警。图 6-10 是一种最简单的家用气体报警器电路，采用直热式气敏传感器 TGSl09，当室内可燃性气体浓度增加时，气敏器件接触到可燃性气体而电阻值降低，这样流经测试回路的电流增加，可直接驱动蜂鸣器 BZ 报警。图 6-11 为家用气体报警器。

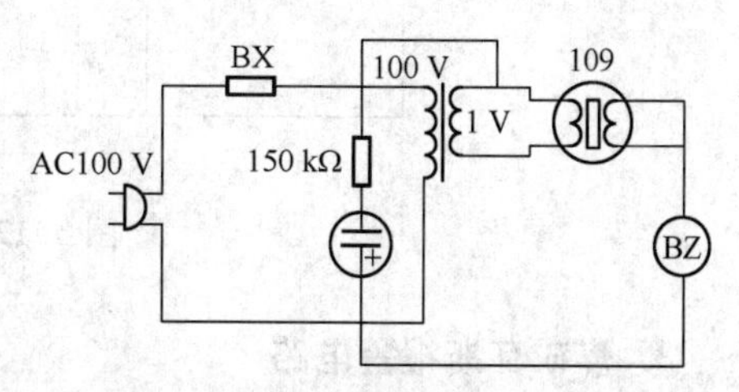

图 6-10　简单家用气体报警器电路

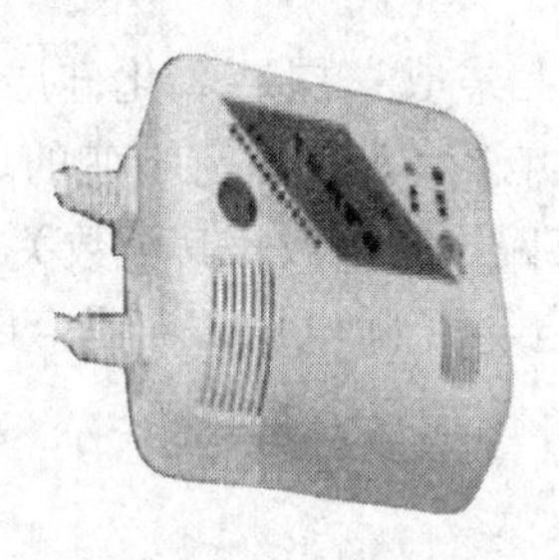
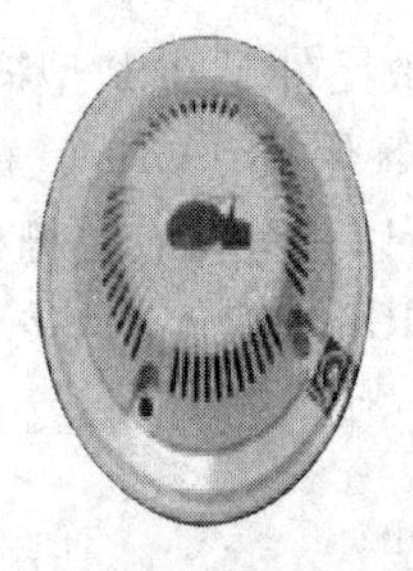

图 6-11　家用气体报警器

2. 毒气报警控制电路

控制电路一方面可鉴别实验中有无有害气体产生，鉴别液体是否有挥发性，另一方面可自动控制排风扇排气，使室内空气清新。旁热式烟雾、有害气体传感器的简单介绍如下。

图 6-12 为毒气报警控制电路无有害气体时 MQS2B 阻值较高（10 KΩ 左右），有有害气体或烟雾进入时阻值急剧下降，A、B 两端电压下降。当 5 脚电压达到预定值时（调节可调电阻 RP 可改变 5 脚的电压预定值），1、2 两脚导通。开关吸合，合上排风扇电源开关自动排风，声光报警工作。

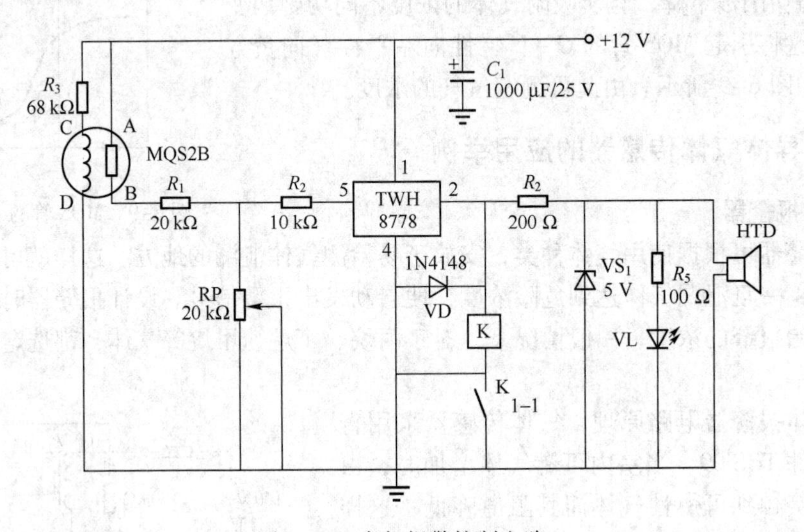

图 6-12　毒气报警控制电路

3. 煤矿瓦斯报警电路

因为气敏元件在预热期间会输出信号造成误报警，所以气敏元件在使用前必须预热十几分钟以避免误报警。一般将矿灯瓦斯报警器直接安放在矿工的工作帽内，以矿灯蓄电池为电源。当瓦斯超限时，矿灯自动闪光并发出报警声。图 6-13 所示为矿灯瓦斯报警器电路。

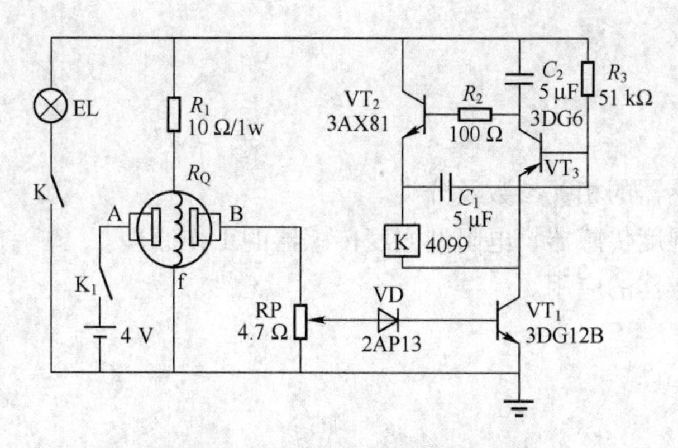

图 6-13　矿灯瓦斯报警器电路

当瓦斯超过某设定点时，输出信号通过二极管 VD 加到 VT_1 基极上，VT_1 导通，VT_2、VT_3 便开始工作。而当瓦斯浓度低时，RP 输出的信号电位低，VT_1 截止，VT_2、VT_3 也截止。

在 VT_1 导通后电源通过 R_3 对 C_1 充电，当充电至一定电压时 VT_3 导通，C_2 很快通过 VT_3 充电，使 VT_2 导通，继电器 K 吸合。VT_2 导通后 C_1 立即开始放电，C_1 正极经 VT_3 的基极、发射极和 VT_1 的集电极、电源负极，再经电源正极至 VT_2 集电极至 C_1 负极，所以放电时间常数较大。

当 C_1 两端电压接近零时，VT_3 截止。此时 VT_2 还不能马上截止，原因是电容器 C_2 上还有电荷，这时 C_2 经 R_2 和 VT_2 的发射极放电，待 C_2 两端电压接近零时 VT_2 就截止了，自然 K 也就释放。当 VT_3 截止，C_1 又进入充电阶段，以后过程又同前述，使电路形成自激振荡，K 不断地吸合和释放。

由于 K 与矿灯都是安装在工作帽上，K 吸合时，衔铁撞击铁芯发出的“嗒嗒”声通过矿帽传递给矿工听见。同时，矿灯因 K 的吸合与释放也不断闪光，引起矿工的警觉，可及时采取通风措施。

工作任务 6.2　湿度传感器

【任务提示】

湿敏元件是最简单的湿度传感器。湿敏元件主要有电阻式和电容式两大类。湿敏电阻的特点是在基片上覆盖一层用感湿材料制成的膜，当空气中的水蒸气吸附在感湿膜上时，元件的电阻率和电阻值都发生变化，利用这一特性即可测量湿度。湿敏电容一般是用高分子薄膜电容制成的，常用的高分子材料有聚苯乙烯、聚酰亚胺、酪酸醋酸纤维等。当环境湿度发生改变时，湿敏电容的介电常数发生变化，使其电容量也发生变化，其电容变化量与相对湿度成正比。

【任务目标】

① 掌握湿度传感器的相关参数及分类。

② 掌握电容式湿度传感器、电阻型湿度传感器的工作原理。

③ 熟悉湿度传感器的应用。

【知识技能】

一、湿度定义

空气的干湿程度称为湿度，常用绝对湿度、相对湿度、比较湿度、混合比、饱和差以及露点等物理量来表示，通常空气的温度越高，最大湿度就越大。

干空气与湿空气（dry air and wet air）：通常把不包含水汽的空气称为干空气，把包含干空气与水蒸气的混合气体称为湿空气。

饱和蒸汽压（saturation pressure of water vapor）：由饱和蒸汽产生的部分压力，称为该温度下的饱和蒸汽压。饱和蒸汽压仅与空气的温度有关，不受压力影响。

水饱和蒸汽压与温度关系如图 6-14 所示：

温度/℃	水饱和蒸汽压/Pa
−20	103
−10	256
0	611
10	1227
20	2338
30	4245
40	7381
60	19934
100	101325

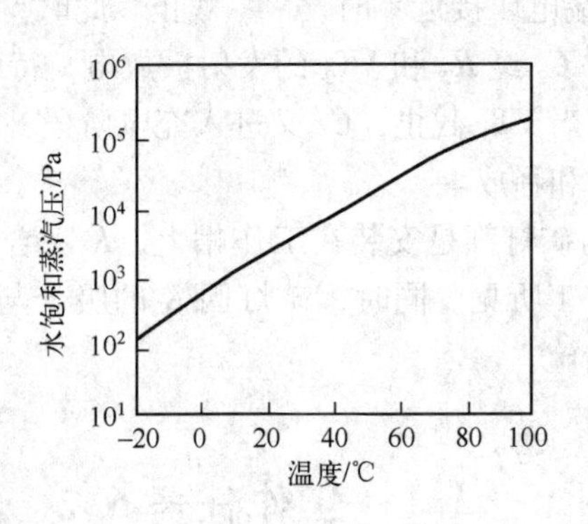

图 6-14 水饱和蒸汽压与温度关系

二、湿度的表示方法

湿度是表示空气中水蒸气的含量的物理量，常用绝对湿度、相对湿度、露点等表示。

1. 绝对湿度（absolute humidity）

绝对湿度是指在一定温度和压力条件下，每单位体积（1 m^3）的混合气体中所含水蒸气的质量（g），单位为 g/m^3，一般用符号 *AH* 表示。它的极限是饱和状态下的最高湿度。绝对湿度只有与温度联系起来才有意义，因为空气中湿度随温度而变化，其表达式为

$$\rho_{v}=\frac{p_{v}M}{RT} \tag{6-1}$$

式中，M 为水蒸气的摩尔质量；R 为理想气体常数；T 为空气的绝对温度。

2. 相对湿度（relative humidity）

相对湿度是指气体的绝对湿度与同一温度下达到饱和状态的绝对湿度之比，即

$$相对湿度=\left(\frac{P_{V}}{P_{W}}\right)_{T}\times 100\% \tag{6-2}$$

式中，P_{w} 只为与待测空气温度 T 同温时水的饱和水汽压。由于水汽的饱和气压会随着气温增高而增加，因此相对湿度相同的情况下，气温高时空气中的水汽重量比气温低时大，平时说空气很湿，就是表示空气相对湿度较大。

根据气体定律，水蒸气的质量正比于水蒸气分压，所以，气体中的水蒸气分压（e）与该温度气体饱和水蒸气压（es）的比，用百分比表示。常表示为 $RH=e/es\times 100\%$ 。相对湿度最常用。

相对湿度为 100% 的空气就是水蒸气饱和的空气. 相对湿度同样也与温度联系起来才有意义。通过相对湿度和温度也可以换算出表示温度的其他参数。相对湿度给出大气的潮湿程度，它是一个无量纲的量，在实际使用中多使用相对湿度这一概念。

3. 露点与霜点（dew point and frost point）

在一定大气压下，将含水蒸气的空气冷却，当降到某温度时，空气中的水蒸气达到饱和状态，开始从气态变成液态而凝结成露珠，这种现象称为结露，此时的温度称为露点或露点温度。如果这一特定温度低于0℃，水汽将凝结成霜，此时称其为霜点。通常对两者不予区分，统称为露点，其单位为℃。

三、湿度传感器的类型

湿度传感器基本形式都为利用湿敏材料对水分子的吸附能力或对水分子产生物理效应的方法测量湿度。有关湿度测量，早在 16 世纪就有记载。许多古老的测量方法，如干湿球温度计、毛发湿度计和露点计等至今仍被广泛采用。现代工业技术要求高精度、高可靠和连续地测量湿度，因而陆续出现了种类繁多的湿敏元件。

湿敏元件主要分为两大类：水分子亲和力型湿敏元件和非水分子亲和力型湿敏元件。利用水分子有较大的偶极矩，易于附着并渗透入固体表面的特性制成的湿敏元件称为水分子亲和力型湿敏元件。例如，利用水分子附着或浸入某些物质后，其电气性能（电阻值、介电常数等）发生变化的特性可制成电阻式湿敏元件、电容式湿敏元件。

湿敏元件根据工作方式的不同可分为电阻式和电容式两种。

湿敏电阻：是在基片上覆盖一层用感湿材料制成的膜，当空气中的水蒸气吸附在感湿膜上时，元件的电阻率和电阻值都发生变化，利用这一特性即可测量湿度。

湿敏电容：环境湿度发生改变时，湿敏电容极间介质的介电常数发生变化，使其电容量也发生变化，其电容变化量与相对湿度成正比。

1. 电阻式湿度传感器

（1）电解质湿敏传感器

利用潮解性盐类受潮后电阻发生变化制成的湿敏元件。最常用的是电解质氯化锂（LiCl）。从1938年顿蒙发明这种元件以来，在较长的使用实践中，人们对氯化锂的载体及元件尺寸做了许多改进，提高了响应速度和扩大测湿范围。氯化锂湿敏元件的工作原理是基于湿度变化能引起电介质离子导电状态的改变，使电阻值发生变化。结构形式有顿蒙式和含浸式。顿蒙式氯化锂湿敏元件是在聚苯乙烯圆筒上平行地绕上钯丝电极，然后把皂化聚乙烯醋酸酯与氯化锂水溶液混合液均匀地涂在圆筒表面上制成，测湿范围约为相对湿度30%。含浸式氯化锂湿敏元件是由天然树皮基板用氯化锂水溶液浸泡制成的。植物的髓脉具有细密的网状结构，有利于水分子的吸入和放出。20世纪70年代成功研制出了玻璃基板含浸式湿敏元件，采用两种不同浓度的氯化锂水溶液浸泡多孔无碱玻璃基板（孔径平均500Å），可制成测湿范围为相对湿度20%～80%的元件。氯化锂湿敏电阻结构如图6-15所示，氯化锂湿度电阻特性曲线如图6-16所示。

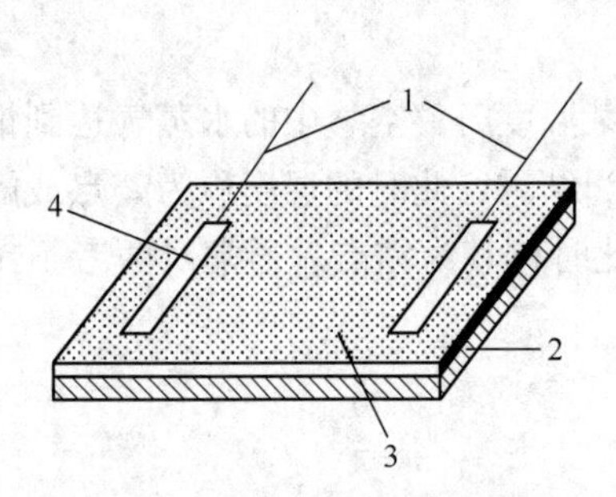

图6-15 氯化锂湿敏电阻结构

1—引线；2—基片；3—感湿层；4—金电极

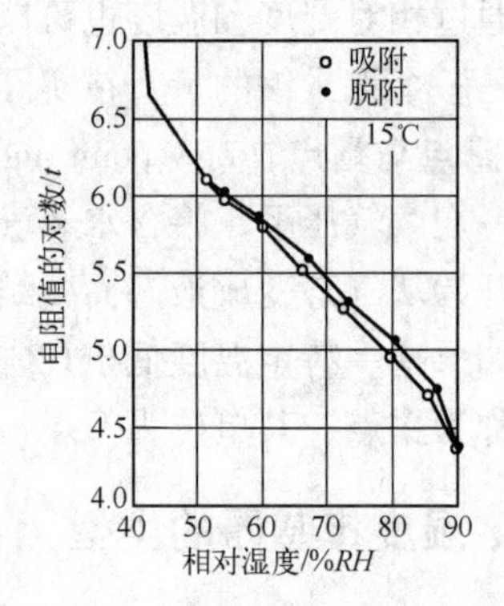

图6-16 氯化锂湿度电阻特性曲线

氯化锂元件具有滞后误差较小、不受测试环境的风速影响、不影响和破坏被测湿度环境等优点，但因其基本原理是利用潮解盐的湿敏特性，经反复吸湿、脱湿后，会引起电解质膜变形和性能变劣，尤其遇到高湿及结露环境时，会造成电解质潮解而流失，导致元件损坏。

（2）高分子材料湿敏传感器

利用有机高分子材料的吸湿性能与膨润性能制成的湿敏元件。吸湿后，介电常数发生明显变化的高分子电介质，可做成电容式湿敏元件。吸湿后电阻值改变的高分子材料，可做成电阻变化式湿敏元件。常用的高分子材料是醋酸纤维素、尼龙、硝酸纤维素、聚苯乙烯、聚酰亚胺、酷酸醋酸纤维等。高分子湿敏元件的薄膜做得极薄，一般约5000Å，使元件易于很快地吸湿与脱湿，减少了滞后误差，响应速度快。

高分子电容式湿度传感器具有响应速度快、线性好、重复性好、测量范围宽、尺寸小等优点。缺点是不宜用于含有机溶媒气体的环境，元件也不能耐80℃以上的高温。其广泛用于气象、仓库、食品、纺织等领域的湿度检测。

高分子电阻式湿度传感器使用高分子固体电解质材料制作感湿膜，由于膜中的可动离子而产生导电性，随着湿度的增加，其电离作用增强，使可动离子的浓度增大，电极间的电阻值减小。反之，电阻值增大。因此，湿度传感器对水分子的吸附和释放情况，可通过电极间电阻值的变化检测出来，从而得到相应的湿度值。

图6-17所示为湿感膜元件结构图，感湿膜是由PVA（聚乙烯醇）和PSS（聚苯乙烯磺酸铵）组成。基极用厚0.6 mm的氧化铅，电极用Au做成叉指型。组件外面用发泡体聚丙烯包封构成过滤器，以防止灰尘、水和油等直接与感湿膜接触。

利用导电性高分子对水蒸气的物理吸附作用引起电导率变化的高分子湿度传感器，其优点是测量湿度范围大，工作温度在0～50℃，响应时间短（<30 s），可作为湿度检测和控制用。

（3）半导体陶瓷湿度传感器

如$MgCr_2O_4-TiO_2$湿敏传感器．它们主要利用陶瓷烧结体微结晶表面在吸湿和脱湿过程中电极之间电阻的变化来检测相对湿度。

以$MgCr_2O_4-TiO_2$为例说明其典型结构。如图6-18所示，在$MgCr_2O_4-TiO_2$：陶瓷片的两面，设置高金电极，并用掺金玻璃粉将引出线与金电极烧结在一起．在半导体陶瓷片的外面，安放一个由镍铅丝烧制而成的加热清洗圈，对元件进行经常加热清洗，排除有害气体对元件的污染．元件安放在一种高度致密的、疏水性的陶瓷底片上．为消除底座上测量电极2和3之间由于吸温和污染而引起漏电．在电极2和3的四周设置金短路环。

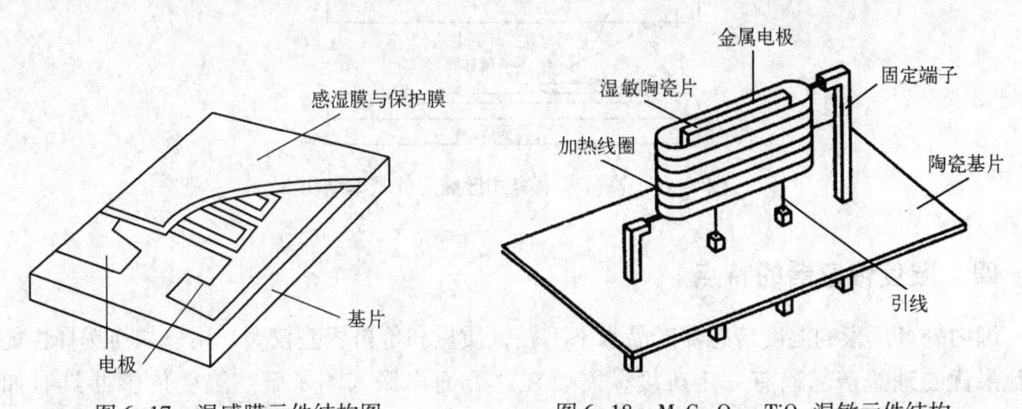

图6-17　湿感膜元件结构图　　图6-18　$MgCr_2O_4-TiO_2$湿敏元件结构

陶瓷烧结体微结晶表面对水分子进行吸湿或脱湿时，引起电极间电阻值随相对湿度成指数变化，从而湿度信息转化为电信号。

显然，这类传感器适合于高温和高湿环境中使用，也是目前在高温环境中测湿的少数有效传感器之一。

(4) 热敏电阻式湿度传感器

利用热敏电阻作湿敏元件。传感器中有组成桥式电路的珠状热敏电阻 R_1 和 R_2，电源供给的电流使 R_1、R_2 保持在200℃左右的温度。其中 R_2 装在密封的金属盒内，内部封装着干燥空气，R_1 置于与大气相接触的开孔金属盒内。将 R_1 先置于干燥空气中，调节电桥平衡，使输出端A、B间电压为零，当 R_1 接触待测含湿空气时，含湿空气与干燥空气产生热传导差，使 R_1 受冷却，电阻值增高，A、B间产生输出电压，其值与湿度变化有关。热敏电阻式湿敏传感器的输出电压与绝对湿度成比例，因而可用于测量大气的绝对湿度。传感器是利用湿度与大气导热率之间的关系作为测量原理的，当大气中混入其他特种气体或气压变化时，测量结果会有不同程度的影响。此外，热敏电阻的位置对测量也有很大影响。但这种传感器从可靠性、稳定性和不必特殊维护等方面来看，很有特色，现已用于空调机湿度控制，或制成便携式绝对湿度表、直读式露点计、相对湿度计、水分计等。

2. 电容式湿度传感器

湿敏电容一般是用高分子薄膜电容制成的，高分子电容式湿度传感器基本上是一个电容器，如图6-19所示，在高分子薄膜上的电极是很薄的金属微孔蒸发膜，水分子可通过两端的电极被高分子薄膜吸附或释放，随着水分子被吸附或释放，高分子薄膜的介电系数将发生相应的变化。

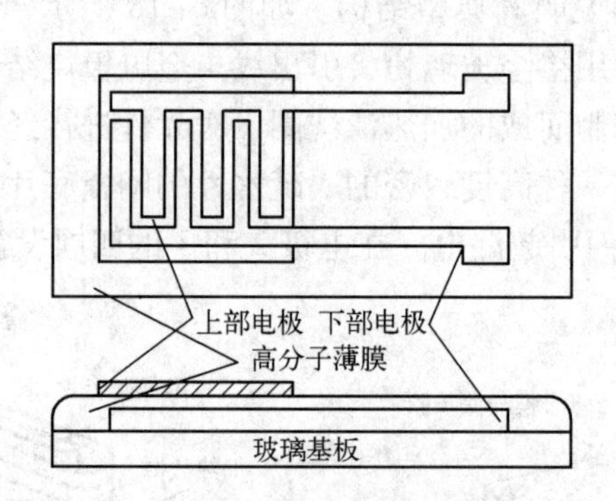

图6-19　高分子电容式湿敏元件基本结构

四、湿度传感器的特点

国内外各厂家的湿度传感器产品水平不一，质量和价格相差较大，用户如何选择性能价格比最优的理想产品确有一定难度，需要在这方面作深入的了解。湿度传感器具有如下特点：

1. 精度和长期稳定性

湿度传感器的精度应达到(±2%～±5%)*RH*，达不到这个水平很难作为计量器具使用，湿度传感器要达到(±2%～±3%)*RH*的精度是比较困难的，通常产品资料中给出的特性是在常温（20±10）℃和洁净的气体中测量的。在实际使用中，由于尘土、油污及有害气体的影响，使用时间一长，会产生老化，精度下降，湿度传感器的精度水平要结合其长期稳定性去判断，一般说来，长期稳定性和使用寿命是影响湿度传感器质量的头等问题，年漂移量控制在1% *RH*水平的产品很少，一般都在±2%左右，甚至更高。

2. 湿度传感器的温度系数

湿敏元件除对环境湿度敏感外，对温度也十分敏感，其温度系数一般在（0.2%～0.8%）*RH*/℃范围内，而且有的湿敏元件在不同的相对湿度下，其温度系数又有差别。温漂非线性，这需要在电路上加温度补偿式。采用单片机软件补偿，或无温度补偿的湿度传感器是保证不了全温范围的精度的，湿度传感器温漂曲线的线性化直接影响到补偿的效果，非线性的温漂往往补偿不出较好的效果，只有采用硬件温度跟随性补偿才会获得真实的补偿效果。湿度传感器工作的温度范围也是重要参数。多数湿敏元件难以在40℃以上正常工作。

3. 湿度传感器的供电

金属氧化物陶瓷、高分子聚合物和氯化锂等湿敏材料施加直流电压时，会导致性能变化，甚至失效，所以这类湿度传感器不能用直流电压或有直流成分的交流电压，必须是交流电供电。

4. 互换性

目前，湿度传感器普遍存在着互换性差的现象，同一型号的传感器不能互换，严重影响了使用效果，给维修、调试增加了困难，有些厂家在这方面做出了努力，取得了较好效果。

5. 湿度校正

校正湿度要比校正温度困难得多。温度标定往往用一根标准温度计作标准即可，而湿度的标定标准较难实现，干湿球温度计和一些常见的指针式湿度计是不能用来作标定的，精度无法保证，因其要求环境条件非常严格，一般情况（最好在湿度环境适合的条件）下，在缺乏完善的检定设备时，通常用简单的饱和盐溶液检定法，并测量其温度。

五、湿度传感器的应用

任何行业的工作都离不开空气，而空气的湿度又与工作、生活、生产有直接联系，使湿度的监测与控制越来越显得重要。湿度传感器的应用主要有如下几个方面：

1. 温室养殖

现代农林畜牧各产业都有相当数量的温室，温室的湿度控制与温度控制同样重要，把湿度控制在农作物、树木、畜禽等生长适宜的范围，是减少病虫害、提高产量的条件之一。

2. 气候监测

天气测量和预报对工农业生产、军事及人民生活和科学实验等方面都有重要意义，因而湿度传感器是必不可少的测湿设备，如树脂膨散式湿度传感器已用于气象气球测湿仪器上。

3. 精密仪器的使用保护

许多精密仪器、设备对工作环境要求较高。环境湿度必须控制在一定范围内，以保证它们的正常工作，提高工作效率及可靠性。如电话程控交换机工作湿度在（55 ± 10)% 较好。温度过高会影响绝缘性能，过低易产生静电，影响正常工作。

4. 物品储藏

各种物品对环境均有一定的适应性。湿度过高或过低均会使物品丧失原有性能。如在高湿度地区，电子产品在仓库的损害严重，非金属零件会发霉变质，金属零件会腐蚀生锈。

5. 工业生产

在纺织、电子、精密机器、陶瓷工业等部门，空气湿度直接影响产品的质量和产量，必须有效地进行监测调控。

六、湿度传感器的发展方向

理想的湿敏传感器的性能要求是适于在宽温、湿范围内使用，测量精度要高；使用寿命长，稳定性好；响应速度快，湿滞回差小；灵敏度高，线性好，溢度系数小；制造工艺简单，易于批量生产、转换电路简单，成本低；抗腐蚀，耐低温和高温等。

湿敏传感器正从简单的湿敏组件向集成化、无损化、多参数检测的方向迅速发展，为开发新型湿度测控系统创造了有利条件，也将湿度测量技术提高到新的水平。

对高温环境下的测湿，半导体传感器由于其天然的耐高温特性和容易集成的优点，将成为高温湿度传感器的主流，而光纤高温湿度传感器由于其非接触测量特性，将会成为另一种很有应用潜力的传感器件，但是目前只有低温下的结果，若向高温范围应用，还要研究更有效的方法拓展测量范围。

实验案例　温湿度的测量实验

【实验提示】

干湿球温度计（dry and wet bulb thermometer ）是一种测定气温、气湿的仪器。它由两支相同的普通温度计组成，一支用于测定气温，称干球温度计；另一支在球部用蒸馏水浸湿的纱布包住，纱布下端浸入蒸馏水中，称湿球温度计。

【实验目标】

通过本实验使学生掌握干湿球温度计使用方法，熟悉整个测量过程，锻炼学生的自主学习能力与独立工作能力，培养学生团队协作与规范操作的职业素养。

【实验设计】

一、实验要求

① 观察并熟悉温度、湿度传感器及测量装置。
② 了解测量、数据采集、控制的系统与过程。
③ 掌握水银温度计、铂电阻测量温度的方法。

二、实验器材

① 玻璃管水银温度计。
② PT100 温度传感器。
③ 干湿球温度传感器组成的温湿度计。
④ 容器及水。
⑤ KEITHLEY 数据采集器一台。
⑥ 计算机及控制柜一套。

三、实验说明

采用不同的测量方法，测量对比环境的干湿球温度。不同的刺入深度对温度测量结果的影响实验。

四、实验方法与步骤

第 1 步：利用玻璃管水银温度计、湿球纱布、容器、水组成通风湿球温度计，测量环境干、湿球温度。普通干湿球湿度测量装置示意图如图 6-20 所示。

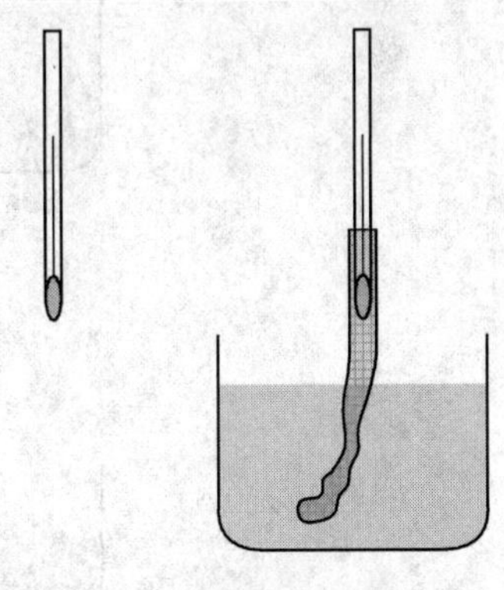
图 6-20　普通干湿球湿度测量装置示意图

具体实验步骤：

① 实验仪器、仪表的准备。

② 手持玻璃管水银温度计，稳定 1 min、读数，记录环境干球温度。

③ 套上湿球纱布，并将湿球纱布浸入水中，水银温度计的水银包距离水面 2 cm，稳定 2 min，读数，记录环境湿球温度。

第 2 步：利用铂电阻组成的通风干湿球温度测量装置、数据采集仪、计算机测量并显示环境的干湿球温度。电动干湿球湿度测量装置示意图如图 6-21 所示。

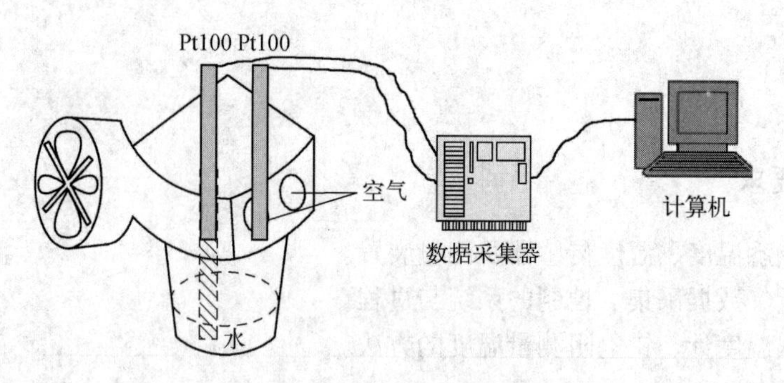

图 6-21 电动干湿球湿度测量装置示意图

具体实验步骤：

① 实验仪器、仪表的准备。

② 了解通风干湿球温度计的结构，连接传感器与数据采集器。

③ 通过计算机软件读数，每隔 3 min 记录一组当前时刻下的环境干球温度、湿球温度，共记录 3 组。

第 3 步：用水银温度计，在不同的刺入深度下，测量容器内的水温。不同刺入深度下的温度测量实验示意图如图 6-22 所示。

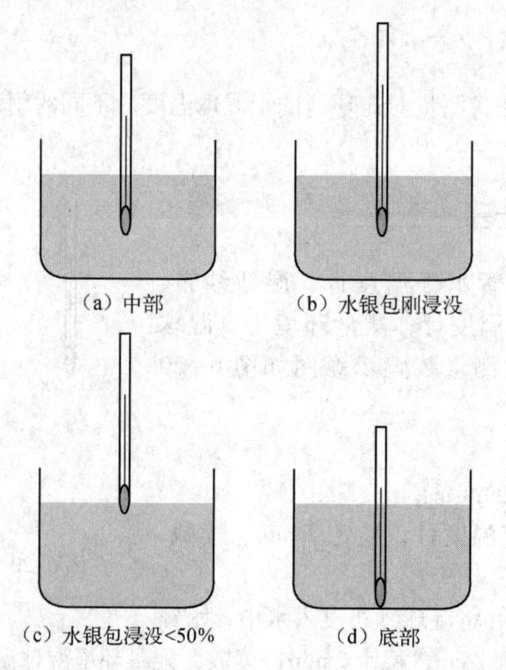

图 6-22 不同刺入深度下的温度测量实验示意图

具体实验步骤：

① 实验仪器、仪表的准备。

② 容器内接入热水。

③ 将汞温度计的汞包置入热水的中部，手持汞温度计稳定 2 min，读数、记录。

④ 将汞温度计拿出水面，等待 2 min。

⑤ 将汞温度计置入水面（刺入深度约 2 cm，汞包刚刚被水面浸没），手持并稳定2 min，读数、记录。

⑥ 将汞温度计拿出水面，等待 2 min。

⑦ 将汞温度计置入水面（刺入深度约 1 cm，1/2 的汞包露在水面外），手持并稳定 2 min，读数、记录。

⑧ 将汞温度计拿出水面，等待 2 min。

⑨ 将汞温度计置入水底（汞包接触容器底部），手持并稳定 2 min，读数、记录。

五、实验数据的处理

将实验方法 1 与 2 的结果汇总成表格，对比二者测量湿球温度的不同，分析其原因。

将实验方法 3 的结果绘制成曲线，分析不同刺入深度对温度测量的影响。

六、实验报告要求

实验报告应有如下内容：

① 实验目的与要求；

② 实验的时间、地点；

③ 实验装置示意图；

④ 实验方法与操作步骤；

⑤ 原始数据与环境条件的记录。

参考文献

[1] 金发庆. 传感器技术与应用 [M]. 2版. 北京：机械工业出版社，2006.
[2] 宋雪臣. 传感器及检测技术 [M]. 北京：人民邮电出版社，2011.
[3] 秦志强. 现代传感器技术及应用 [M]. 北京：电子工业出版社，2010.
[4] 严钟豪，谭祖根. 非电量电测技术 [M]. 北京：机械工业出版社，2001.
[5] 赵家贵. 新编传感器电路设计手册 [M]. 北京：中国计量出版社，2002.
[6] 范晶彦. 传感器与检测技术应用 [M]. 北京：机械工业出版社，2005.
[7] 孙心若. 传感器基本电路实验 [M]. 北京：北京师范大学出版社，2007.
[8] 王俊峰，孟令启. 现代传感器应用技术 [M]. 北京：机械工业出版社，2007.
[9] 王汝传，孙力娟. 无线传感器网络技术及其应用 [M]. 北京：人民邮电出版社，2011.
[10] 杨清梅，孙建民. 传感器与测试技术 [M]. 哈尔滨：哈尔滨工程大学出版社，2005.
[11] 武昌俊. 自动检测技术及应用 [M]. 北京：机械工业出版社，2005.
[12] 赵继文. 传感器与应用电路设计 [M]. 北京：科学出版社，2002.
[13] 高晓蓉. 传感器技术 [M]. 成都：西南交通大学出版社，2003.
[14] 吴桂秀. 传感器应用制作入门 [M]. 杭州：浙江科学技术出版社，2003.
[15] 徐洁. 电子测量与仪器 [M]. 北京：机械工业出版社，2004.
[16] 梁森，王侃夫，黄杭美. 自动检测与转换技术 [M]. 2版. 北京：机械工业出版社，2007.